AF472755

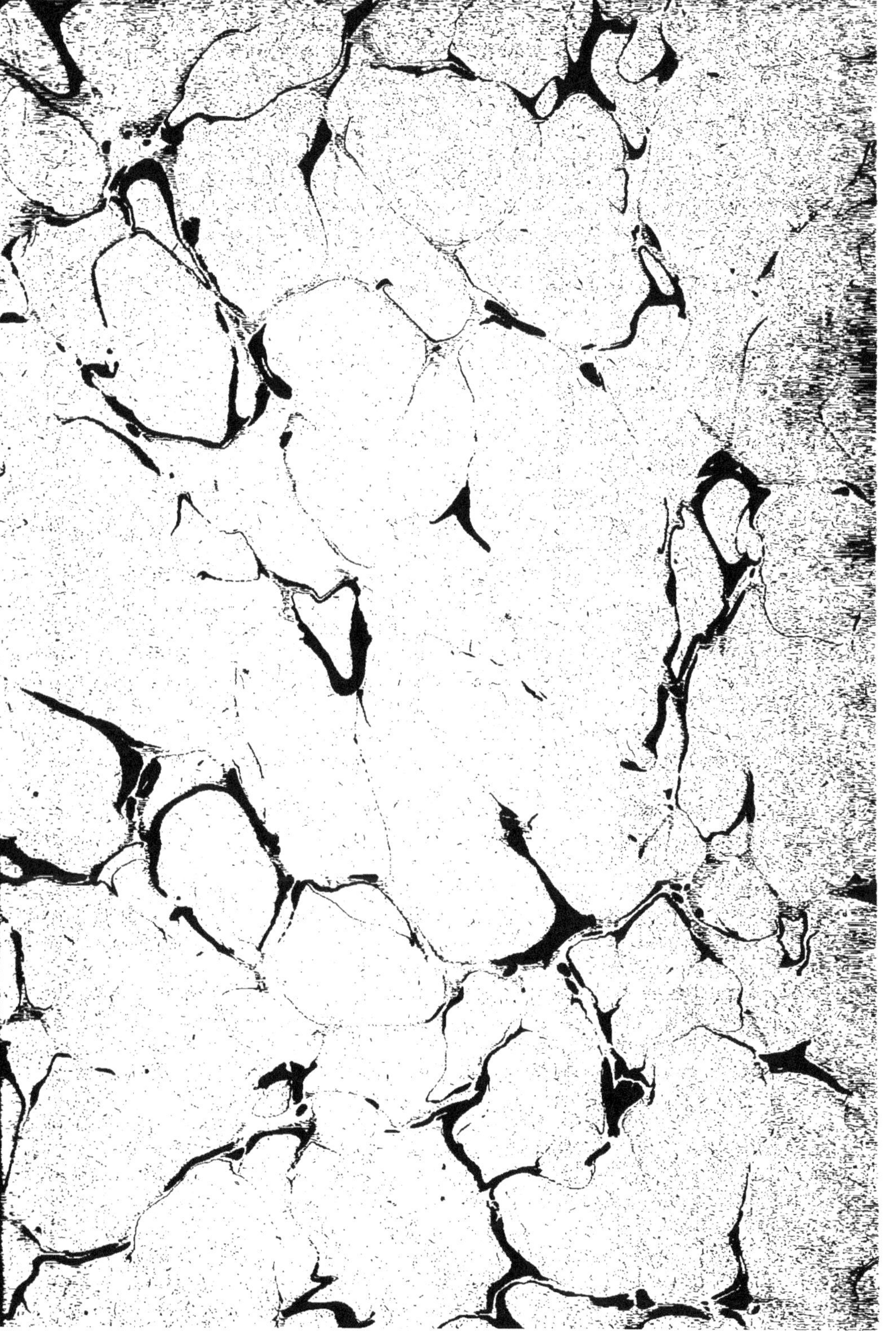

VIGNAL

SOUVENIRS

DE LA

HAUTE-ÉGYPTE ET DE LA NUBIE

PAR

VICTOR MEIGNAN

PARIS

LIBRAIRIE RENOUARD, H. LOONES SUCCESSEUR

Éditeur de l'Histoire des Peintres de toutes les Écoles

6, RUE DE TOURNON, 6

1873

APRÈS BIEN D'AUTRES

SOUVENIRS

DE LA HAUTE ÉGYPTE ET DE LA NUBIE

PARIS — IMPRIMERIE JULES LE CLERE ET Cie, RUE CASSETTE, 29.

APRÈS BIEN D'AUTRES

SOUVENIRS

DE LA

HAUTE-ÉGYPTE ET DE LA NUBIE

PAR

VICTOR MEIGNAN

PARIS

LIBRAIRIE RENOUARD, H. LOONES SUCCESSEUR

Éditeur de l'Histoire des Peintres de toutes les Écoles

6, RUE DE TOURNON, 6

—

1873

PRÉFACE

Quand j'ai commencé ce livre, je ne comptais l'écrire que pour moi seul; je l'ai continué pour les miens, et je l'ai terminé pour le public. Je vous prierai donc, ami lecteur, de passer la première partie, de parcourir rapidement la seconde, et d'avoir pitié de la troisième.

On se demandera peut-être dans quel but j'ai écrit sur l'Égypte, sur ce pays tant de fois parcouru et tant de fois décrit. En effet, historiens, savants, linguistes, grammairiens, poëtes, artistes, ingénieurs, économistes, religieux, politiques, représentants de presque toutes les branches des connaissances humaines, ont exploré cette contrée, qui leur offrait à tous un intéressant sujet d'études. Je répondrai que je savais parfaitement « venir après bien d'autres. » Mais cette raison ne m'a pas paru suffisante pour me taire, ayant constaté quantité d'idées fausses encore répandues sur l'antique terre des Pharaons malgré tous ces ouvrages.

Quelle chose du reste pourrait-on donc créer à présent qui n'apparaîtrait après bien d'autres du même genre ? Notre siècle est arrivé le cinquante-neuvième d'après la Bible, et le soixante-quinzième d'après les égyptologues. Ces derniers, disons-le bien bas dans leur intérêt, se prétendent mieux informés : laissons-leur cette douce illusion.

Le lecteur me verra cependant plusieurs fois en contradiction avec ces doctes érudits dans ma manière de juger les monuments égyptiens. Sur les questions hiéroglyphiques, j'ai toujours courbé la tête, avouant humblement ma complète insuffisance. Je n'ai jugé que le côté artistique, sur lequel tout homme peut avoir une opinion et se permettre de la défendre.

Je m'explique du reste facilement pourquoi mon jugement à cet égard a souvent différé de celui des savants : amoureux de leur science et du pays qu'ils étudient, devenus de véritables Égyptiens des temps pharaoniques, ces élèves de Champollion regardent toute influence artistique extérieure comme un empiétement illicite, comme une profanation. Pour eux les monuments les plus anciens sont aussi les plus nationaux, les plus classiques, les plus dignes par conséquent d'être admirés. Je suis au contraire purement de race latine; mon goût s'est donc un peu formé en Grèce, puis a complété son éducation à Rome et ne s'est fait naturaliser d'aucun pays. Je me trouve alors en Égypte faire partie de l'armée des envahisseurs, et par conséquent aimer les influences que les conquêtes des miens ont apportées dans le style des monuments et en général dans les arts de ce pays. Les édifices les plus modernes sont devenus presque mes compatriotes : comment ne les aimerais-je pas davantage ? Voilà d'où vient la contradiction presque perpétuelle que j'ai faite aux jugements des égyptologues.

Touriste passionné, amant des arts et de la couleur locale, j'offre mes appréciations au public telles que je les ai conçues sans influence et sans prétentions : la seule qualité de ce livre, dont je ne rougis pas, bien que peu d'auteurs aient paru la rechercher, c'est d'être vrai.

Ces pages pourront donc, bien qu'insuffisantes pour ceux qui voudraient faire de l'Égypte une étude approfondie, servir aux touristes pour nous suivre dans ces parages et s'instruire autant que tout profane peut le faire sur la science des antiquités égyptiennes.

Puisse un seul de mes lecteurs retirer quelque fruit des instants qu'il aura bien voulu passer avec moi ! je me trouverais alors trop récompensé de mon travail.

APRÈS BIEN D'AUTRES

SOUVENIRS

DE LA HAUTE EGYPTE ET DE LA NUBIE

Nous avons levé l'ancre à Boulacq, à une heure de l'après-midi, le 28 février 1872. Nous devions rester près de trois mois sur notre cange. C'est vous dire, cher lecteur, que nous avons fait le voyage du Nil à l'époque des plus basses eaux, et même dans une année particulièrement sèche. On prétend généralement que le Nil n'est pas navigable du mois de mars au mois de juillet; c'est une erreur, puisqu'à ce moment nous avons pu remonter jusqu'à la deuxième cataracte. Je dirai plus : c'est la véritable époque pour faire le voyage. Le Nil, rentré dans son lit, laisse à découvert toute la plaine qu'il inonde en automne, et qu'on peut dès lors parcourir en entier et à pied sec. L'Égypte vous apparaît sous son vrai soleil; on se rend bien mieux compte du but que se proposaient les architectes dans la construction des nombreux monuments que l'on visite; et puis, enfin, c'est à cette époque que l'on peut, sans danger, se reposer en plein air, la nuit, des ardeurs de la température du jour; jouir de ces belles soirées des tropiques où la lune éclaire plus que le soleil ne peut quelquefois le faire chez nous en hiver.

Que de fois, étendu sur le pont de la cange, tandis qu'une fraîche brise du nord gonflait notre grande voile latine, assez pour nous faire glisser sur le fleuve sans imprimer au bateau aucun mouvement de roulis, je regardai machinalement passer la rive!

Je voyais tantôt des palmiers étendre leurs grands bras, comme pour protéger les fellahs qui se reposent souvent à leur ombre, tantôt le grand désert que la lune colorait des teintes les plus variées. Là il m'apparaissait jaune d'ocre, plus loin noir et ombré, comme la lune seule, dans ses jeux de lumière, sait ombrer les objets. Qu'y a-t-il en effet de si foncé que les ombres portées par la lune, surtout quand la nuit est claire et quand les autres parties sont plus vivement éclairées?

C'est donc bien au printemps qu'il faut faire ce voyage. Sans doute on souffre un peu de la chaleur; mais le souvenir de la souffrance ressentie n'est-il pas une addition à la somme des jouissances que tout voyage vous garde pour l'avenir?

Je ne dirai rien de la basse Égypte; on y assiste à la fusion des races africaines et européennes, et celles-ci, disons-le, sont rarement représentées à leur avantage. Tous les émigrants en Égypte sont loin d'y apporter ce qui existe pourtant quelquefois chez nous : la droiture et l'honnêteté. Doués presque toujours de beaucoup d'intelligence, ces courtiers européens savent abuser plus ou moins habilement de la confiance des Turcs; et, comme cette conduite est presque générale, leur considération n'en est pas altérée au retour dans la patrie, après fortune faite. Les abus de l'intelligence contre l'honnêteté, ainsi que les abus de la force contre le droit, sont des spectacles dont notre époque a malheureusement donné beaucoup de représentations, au profit des artistes hélas! trop nombreux en ces spécialités.

Quant au pacha d'Égypte et aux bienfaits que son règne peut apporter au pays, je crois qu'il est bien difficile de s'en faire dès à présent une juste idée. Tant de modifications sont faites journellement à l'ancien état de choses, ce souverain novateur se lance si fort à corps perdu dans certaines institutions et certaines industries avant lui absolument inconnues des fellahs, que l'Égypte est entraînée en ce moment avec une vitesse, je dois dire effrayante, soit vers la régénération, soit vers des catastrophes et des bouleversements des plus complets. Attendons. Je n'ai jamais eu l'intention de décrire l'Égypte à ce point de vue moderne ; je n'ai pas, pour cela, assez scrupuleusement étudié la nature et la qualité du sol ; je n'ai pas pu, ignorant la langue, me rendre un compte suffisamment exact du caractère arabe et des ressources du fellah, mais ce que je crois, c'est qu'avant beaucoup d'années on pourra citer Ismaïl-Pacha parmi les plus grands hommes du siècle, ou, au contraire, parmi ceux qui, pour le bonheur de l'humanité, eussent mieux fait de ne jamais naître.

Alexandrie est une ville devenue presque européenne, un quartier de Marseille, surtout aux yeux de ceux qui, comme nous, ont visité la régence de Tunis et même l'Algérie. Le Caire aussi perd de jour en jour son aspect oriental. Je ne dirai donc rien de ces deux villes, où le voyageur, qui cherche un peu de couleur locale, ne trouve à la place qu'une complète désillusion.

CHAPITRE PREMIER

LA CANGE, LES PYRAMIDES, LE NIL.

Je dois, avant de partir pour la haute Égypte et la Nubie, faire connaître au lecteur l'équipage de notre cange et mes compagnons de voyage.

Je lui présenterai d'abord notre drogman, Farag-El-Baroudi, qui, comme tous ses confrères, offre un type fort curieux. Plus intelligents que leurs compatriotes, les gens de cette classe se croient très-supérieurs à tout ce qui les entoure. Guidés par l'appât du gain, ils inventent ingénieusement les raisons les plus saugrenues pour motiver, aux yeux du voyageur, les commandements qu'ils donnent, soit pour le départ, soit pour les arrêts du bateau. Le nôtre était un grand Égyptien, bel homme, malheureusement atteint d'ophthalmie, comme presque tous ses compatriotes. Cependant, après quelque repos, quand l'inflammation de ses paupières s'était atténuée, ce regard voilé, sans pupille, presque sans prunelle, avait quelque chose de vaporeux qui n'était pas désagréable, mais qui augmentait encore notre défiance à son égard, par l'impossibilité où nous étions de le fixer. Le capitaine de l'équipage avait fort grand air, avec sa longue robe noire et son énorme turban toujours d'une blancheur irréprochable ; mais son occupation favorite était beaucoup plus de se rendre compte des talents de notre cuisinier que de diriger la cange. Le pilote n'était remarquable que par son inhabileté à éviter les bancs de sable, contre lesquels il nous jetait régulièrement toutes les fois que l'occasion s'en présentait. Le reste de l'équipage, fort de vingt-deux Arabes, se composait de douze ou quatorze matelots, de deux cuisiniers et de quelques domestiques.

Parmi eux il y avait un chanteur, qui ne manquait jamais de moduler ses airs plaintifs à l'approche des villes, et, quand la brise nous emmenait lentement sans danger sur le beau fleuve, un conteur, qui égayait parfois ses camarades, mais dans sa langue, ce qui m'empêchait de partager l'admiration générale.

J'avais aussi, comme je l'ai dit plus haut, trois compagnons de voyage. Notre règle commune était, pour chacun, la plus entière liberté; cette manière de voyager ensemble, sans dépendance mutuelle, pourra paraître extraordinaire à bien des gens; mais, croyez-moi, cher lecteur, elle a de bien grands avantages. Quand le vent contraire, ou quelque autre de ces contretemps si habillement exploités par le drogman, nous obligeait à demeurer en panne pour la journée entière, nons partions d'ordinaire, le fusil sur l'épaule, chacun de notre côté. Aussi, le soir, c'était une série de narrations mutuelles qui faisait les frais de la conversation. Il ne faut pas se dissimuler qu'il est toujours difficile de réunir et maintenir en paix quatre hommes de caractères différents, pendant trois mois et demi, sans nouvelles, sans relations au dehors. Notre système d'indépendance avait pour avantage d'éviter toute gêne et contrainte pendant la journée et de ramener chaque soir une réunion pleine de charmes, où se croisaient les récits et les impressions de chacun. Ami lecteur, à moins que tu ne sois en famille; à moins que, nouvel époux, tu n'aies à te partager entre ton amour et la contemplation du ciel d'Orient, agis comme nous avons fait et tu t'en trouveras bien, fusses-tu accompagné de tes plus intimes amis.

Nous avions huit mille cartouches à brûler ; aussi notre départ de Boulacq fit-il grand bruit aux alentours.

Comme le vent était contraire, la cange fut presque immédiatement amarrée au rivage, et nous nous dirigeâmes vers la grande pyramide de Ghizeh.

Il est difficile de s'en rendre bien compte à première vue. La régularité du monument, son énorme base, l'absence complète de toute prétention artistique dans la construction, faisaient que nous demeurions froids. Nous avions beau nous battre les flancs, ou plutôt ceux de nos ânons, nous rappeler les célèbres paroles : « Quarante siècles vous contemplent... » rien ne pouvait exciter notre enthousiasme. Cependant, à mesure que l'on approche, ce colosse, à la construction duquel furent employés, dit-on, cent mille hommes, se relayant tous les trois mois, semble prendre des proportions croissantes, et, en réalité, quand on se trouve tout à fait au pied, quand on constate que les pierres dont il est construit et qui de loin paraissaient des pavés, sont d'énormes blocs atteignant presque la hauteur de l'homme; quand on mesure surtout la distance qui sépare les deux points extrêmes de la base, on comprend que l'on n'est plus en présence d'une barricade, ni même d'un monument ordinaire. La fibre artistique n'est pas encore ému, mais l'étonnement et le sentiment de sa propre petitesse s'éveillent dans l'âme avec force.

La première assise, selon Champollion, repose sur le rocher même qui forme la plaine. Au-dessus de la première assise on en compte deux cent deux autres, qui donnent à la pyramide une hauteur totale de 139 mètres.

En tenant compte des deux assises supérieures aujourd'hui disparues, la hauteur primitive de la grande pyramide était de 450 pieds moins quelques pouces. Cette hauteur est plus de deux fois celle des tours de Notre-Dame, et dépasse de quelques mètres celle de la grande basilique romaine. Le carré qui forme la base du monument a 232 mètres de côté. Il faut vraiment avoir les chiffres sous les yeux pour croire à de semblables proportions. L'ascension même, qui n'est vraiment pas fatigante, aidé que l'on est par trois Arabes dont deux sont attelés à chacun de vos bras, et dont le troisième vous pousse par derrière, la rapidité avec laquelle on atteint le sommet, grâce à la hauteur de chaque marche, contribuent encore à faire douter de la véritable élévation de ce monument.

Le spectacle dont on jouit du sommet est vraiment grandiose. Peut-être, dans le cours de mes voyages, n'ai-je jamais rencontré une telle compensation d'une aussi mince fatigue.

D'un côté s'étend la vallée du Nil, c'est-à-dire la plaine cultivée, la richesse, l'abondance, la verdure, la vie. Au centre de cette vallée, le Caire dresse ses nombreux minarets et couvre une immense étendue; le Caire, cette ville de cinq cent mille âmes, florissante déjà, qui s'embellit chaque jour et qui rêve un avenir, cette grande capitale d'un royaume qui fut autrefois le grenier du monde, le centre de la civilisation, qui aujourd'hui cherche à s'agrandir encore, et à la prospérité duquel je croirais plus volontiers qu'à celle de tel royaume plus moderne et moins éloigné de la France qui ne s'est formé que par la naïveté d'un aveugle César, et qui ne se maintient encore debout que par sa force d'inertie; ne pouvant pas plus se détruire que se créer lui-même, sans le secours d'un impolitique voisin, envers lequel il sait bien se passer de reconnaissance.

Donc, d'un côté, car j'ai reculé l'horizon que l'œil embrasse du sommet de la grande pyramide, on voit la vallée du Nil, c'est-à-dire l'Égypte tout entière et sa fécondité, tandis qu'à l'opposé s'étendent les lignes moelleuses et ondulées du désert. On a bien souvent écrit, même des vers et des oratorios, sur le spectacle du désert; il m'a cependant trop vivement impressionné pour que je n'en dise rien. D'ailleurs chaque désert a son aspect qui lui est propre, comme chaque tempête en mer diffère d'une autre tempête. Quelquefois il est plat et pierreux; même alors il ne manque ni de grandeur ni de poésie. Ailleurs il est parsemé de touffes et de buissons, maigre nourriture des gazelles; c'est alors qu'il est le moins sévère et le moins effrayant. Le désert, tel qu'il apparaît du sommet des pyramides, n'offre aucun de ces deux aspects. C'est une mer de sable et du sable le plus fin. C'est le désert le plus dangereux; celui des trombes et des simouns. Il est accidenté mais sans secousses comme la surface de l'Océan. Ses teintes surtout sont remarquables, en ce qu'elles sont très-différentes et très-accentuées. Ici il revêt la pourpre, et plus loin se couvre d'or. Sa parure se nuance à l'infini et se laisse traverser par de grandes ombres du ton le plus foncé, par lesquelles elle rehausse encore l'éclat des autres couleurs. Rien n'émeut comme cette grande solitude qui s'étend de la pyramide de Ghiséh jusqu'aux rivages de la Sénégambie;

où nul être ne vit, où nul bruit, si ce n'est celui de l'ouragan, n'a jamais fait vibrer l'atmosphère. Sans doute des caravanes traversent parfois le désert, mais elles suivent une route fixe, que jalonnent des détritus et des squelettes d'animaux abandonnés par les caravanes précédentes ; mais que sont ces minces artères dans ces immenses étendues qui ne connaissent même pas la mort et qui n'ont jamais été témoins que du vide et du néant ? Cette opposition si brusque et si tranchée entre le sable et le sol fécond, entre l'être et le rien, est d'un aspect saisissant, qui se grave si profondément dans l'âme que parfois encore je me reporte par la pensée au sommet de cette pyramide, contemplant l'un ou l'autre spectacle suivant l'impression du moment.

Cette pyramide, sur laquelle on monte généralement, était la plus élevée, quand elle était intacte; elle n'est plus maintenant que la seconde en hauteur, et porte le nom de Chéops, son fondateur. La deuxième est dite de Céphren, la troisième de Mycerinus. Non loin de ces trois premières pyramides, il en existe environ douze ou quinze autres, de moindre proportion et dont l'état de ruine est plus ou moins avancé. Les matériaux de ces colossales constructions furent tirés des carrières de Thorrah, sur la rive droite du Nil, en face de Memphis. Ces carrières de calcaire blanc furent exploitées du temps des Pharaons, des Perses, des Romains et des Arabes. Des stèles sculptées dans deux de ces carrières, les plus vastes de toutes, ont appris qu'elles furent ouvertes en l'année 22 du règne d'Amosis, premier roi de la dix-huitième dynastie. Les autres carrières sont complétement dénuées de stèles, ce qui fait supposer qu'elles ont une bien plus grande ancienneté. Le manque d'inscriptions semble également assigner aux pyramides une extrême antiquité. Tous les monuments d'Égypte étant couverts de hiéroglyphes; Thèbes, Memphis, et même Héliopolis offrant beaucoup d'inscriptions, qui indiquent la date du travail accompli et le nom du roi fondateur, je comprends que l'on place les muettes pyramides à une époque plus reculée. Mais pourquoi les faire remonter, comme certains auteurs, presque à l'âge d'or, c'est-à-dire au temps où les hommes ne savaient pas encore traduire leurs pensées par l'écriture ? Sommes-nous donc tellement bavards ou barbouilleurs de papier que nous ne puissions pas imaginer un temps où les hommes, possédant tous les moyens d'écrire ou de se faire comprendre par des signes, ne les auraient pas employés ?

La grande pyramide aurait été élevée, suivant Manéthon, par Chéops, de la quatrième dynastie. Hérodote croit plus récente la construction de ce monument; mais Champollion et Lenormand pensent comme Manéthon. Une note assez curieuse de Strabon apprend que, si on voulait construire avec les pierres des trois plus grandes pyramides un mur de trois mètres de haut et de trente centimètres de large, ce mur serait long de 496 myriamètres ou de 1054 lieues, c'est-à-dire qu'il pourrait traverser l'Afrique depuis Alexandrie jusqu'à la côte de Guinée. On pourrait multiplier à l'infini ces calculs oiseux, qui n'ont, à mon avis, qu'une mince valeur. Touriste, je parlerai surtout de l'impression que peuvent faire aux touristes les divers monuments de l'Égypte.

L'intérieur des pyramides démontre à première vue leur usage. C'étaient des tombeaux où pouvaient reposer une ou plusieurs personnes. La chambre supérieure, où l'on monte par un long couloir glissant et difficile, servait de sépulture au chef de la famille. Le sarcophage en occupait le milieu. L'inclinaison du couloir facilitait le passage de la momie. L'autre chambre, où l'on pénètre par un corridor horizontal, est dite chambre de la reine. Suivant les uns, elle servait de sépulture à l'épouse du roi ; suivant les autres, de chapelle où l'on venait honorer le mort aux fêtes et aux anniversaires. Je serais porté à me ranger à cette dernière opinion, parce que je n'ai jamais vu de tombeaux dans le reste de l'Égypte qui ne fût accompagné de sa chapelle ; et je ne peux guère penser que, d'une dynastie à l'autre, un changement aussi radical ait été apporté dans le mode de sépulture. A l'entrée de la galerie horizontale qui conduit à cette chambre de la reine, s'ouvre un puits dont les dimensions étroites rendent la descente difficile. Personne jusqu'à présent n'a pu en atteindre le fond, bien qu'on ait déjà pénétré jusqu'à 50 pieds au-dessous du niveau du Nil. En comparant ce puits à ceux qui existent dans les autres tombeaux de l'Égypte, principalement dans les plus anciens, tels que ceux de Beni-Hassan, par exemple, on peut induire qu'il donne accès à une autre chambre mortuaire. Si donc on continuait à descendre, on découvrirait probablement encore une ou plusieurs momies.

Après la pyramide de Glizéh, on ne peut se dispenser de visiter le sphynx et le petit temple qu'il entoure de ses pattes. Le sphynx, debout, était chez les Égyptiens l'emblème de la puissance ; couché, il était le gardien des tombeaux, le protecteur, le fort, qui devait en empêcher la violation. Le manque d'inscriptions sur celui que nous contemplons, ses proportions mêmes, en harmonie avec celles de la grande pyramide, indiquent que ces deux monuments datent de la même époque. Un tel tombeau demandait un tel gardien. Le petit temple est beaucoup postérieur, il a été élevé par Thoutmosis IV, père d'Aménophis III (Memnon), XVIIe dynastie. Son principal intérêt réside dans l'énormité de ses matériaux monolithes, tous de granit ou de porphyre.

Cette première exploration nous fatigua beaucoup. Puisse ma narration n'avoir pas aussi lassé le lecteur ! mais il faut qu'il se persuade que le voyage d'Égypte n'est pas un voyage ordinaire. Il ne suffit pas, en effet, comme en Suisse ou en Écosse, d'admirer paresseusement la nature, de suivre du regard, par un temps brumeux, quelque rayon de soleil échappé entre deux nuages, courant d'une montagne à l'autre, illuminant successivement tous les points qu'il rencontre. En Égypte, au contraire, il y a travail pour le voyageur ; il y a étude à faire, quelquefois pénible, souvent monotone, et même, j'oserai le dire, d'un intérêt parfois contestable. J'ai cité déjà quelques rois de plusieurs dynasties, et je crains que beaucoup de mes lecteurs n'aient quelque peu perdu de vue ces royautés si reculées. Je n'ai pas encore touché cette question capitale. Un jour où il n'y aura rien à voir et rien à dire, nous aborderons ces souvenirs, nécessaires à qui veut se rendre compte des modifications apportées par les diverses dynasties au style des monuments égyptiens.

Mais si le travail est parfois pénible, il sait ajouter des charmes aux délassements qui le suivent. Avec quelle gaieté, quel entrain, ne prenions-nous pas nos fusils et nos gibecières pour courir la campagne, après les heures passées plus sérieusement! Cette terre que nous foulions ne nous était plus indifférente; et, soit en chassant les cailles, soit en abattant un vautour, soit en guettant un chacal, nous nous souvenions des Pharaons qui avaient autrefois couvert cette même terre de leur faste et de leur gloire; nous pensions aux destinées de Moïse, aux angoisses des Hébreux, à l'histoire si touchante de Joseph, aux mille souvenirs de ce pays qui fut le berceau du monde, et dont nous avons nous-mêmes autrefois appris l'histoire, au berceau de notre vie et de nos travaux futurs.

La nuit étant venue, nous rentrâmes tous dans la cange et retrouvâmes avec un vrai plaisir notre nouvelle installation. Être toujours chez soi, et toujours avancer; voyager dans sa maison sans secousses, sans la trépidation d'une machine à vapeur, et même, ce qui est pourtant moins désagréable, sans les cahots d'une route, sans le hennissement des chevaux de poste, il me semble que ce serait là le rêve de bien des gens! Notre embarcation est vraiment charmante. Tout à fait à l'avant, la cuisine est établie sur le pont, et précède une plate-forme très-peu élevée au-dessus des eaux. C'est là où se font les manœuvres, où dorment, chantent et dansent les matelots. A l'arrière se trouve notre appartement. Il se compose de huit pièces. Nous pûmes donc nous donner le luxe de deux salons, et avoir chacun notre chambre à coucher. Notre plafond formait une dunette où nous avions disposé des canapés et des fauteuils. C'est sur cette dunette, que nous montions le soir, comme je l'ai dit plus haut, pour admirer les étoiles, et que se passait en somme toute notre vie, à l'exception des heures chaudes de la journée, pendant lesquelles une température plus fraîche à l'intérieur nous invitait à descendre.

Après le dîner, la fatigue nous conduisit au

lit. Avant de m'endormir l'idée me vint de regarder par ma fenêtre. Nous étions amarrés prè d'un talus à pic. La nuit était assez claire pour me laisser apercevoir au sommet, malgré l'absence de lune, quelques palmiers, dont les feuilles découpées dentelaient l'azur du ciel. Le bruit plaintif et monotone d'un manége mal graissé se faisait seul entendre : la soirée était belle et calme, elle invitait au sommeil, et je m'endormis. Le lendemain, à mon réveil, je vis que nous étions à côté d'un énorme banc de sable terminé, dans le lointain, par des touffes vertes qui me semblaient être des joncs ou de la bruyère. Je crus à un rêve : où donc étaient mes palmiers de la veille? Pourquoi le manége était-il muet? J'en demandai l'explication au drogman. Le bon vent avait soufflé quelques heures et nous en avions profité : il était tombé un peu avant le lever du soleil, et comme on n'a jamais le droit de faire travailler les matelots la nuit, le capitaine avait immédiatement donné ordre de jeter l'ancre. Voilà les hasards d'une telle navigation. O vous qui aimez la rapidité, qui comptez vos heures de chemin de fer, le nombre des stations auxquelles vous devez encore toucher avant le but à atteindre, ne faites jamais le voyage d'Égypte; car il faut être dans de tout autres dispositions. Le vent vous abandonne en tel lieu : consolez-vous : il y aura toujours là quelque chose à prendre, ne fût-ce que de l'exercice, et, en prévision des vents favorables, je vous engage à profiter de cet arrêt forcé.

Souvent, quand vous auriez désiré une plaine fertile, vous serez forcé d'ancrer sur le bord d'un désert. Quelquefois, vous demeurerez immobile en vue d'une ville que depuis bien des jours vous aurez rêvé d'atteindre. Pourquoi vous fâcher? pourquoi même le regretter? Songez que, lorsque tant de gens sont esclaves de leurs supérieurs et de leurs devoirs, quand presque tous vos compatriotes sont obligés, à l'heure où vous êtes, de marcher justement à l'opposé de la direction qu'ils voudraient suivre, vous, trop heureux mortel, vous n'avez qu'un maître, le Nil, qu'un antagoniste, le vent. N'est-ce pas là la vraie liberté ? à moins que vous ne veuillez même diriger la nature, ce qui, à côté de certains rêves d'or politiques que l'on voit à notre époque, pourrait ne pas paraître un désir utopiste ou extravagant. Le vent nous avait fait dépasser Memphis et Saqqarâh ; je n'en parlerai donc qu'au retour.

Dès que j'eus compris la raison qui avait ainsi métamorphosé mon horizon, ma première idée fut de partir à la chasse. Mes compagnons suivirent mon exemple, le mot d'ordre ayant été donné que, si le vent favorable venait à souffler, chacun se hâtât de rentrer pour partir à la voile.

Nous nous rendîmes alors bien compte de l'abondance du gibier qui règne sur les bords du Nil. Nous comprîmes pourquoi certains touristes aiment à revenir en Égypte sans visiter les monuments, sans s'arrêter aux villes riveraines. Ce banc de sable dont j'ai parlé, qui tout d'abord nous avait paru un désert, était peuplé de canards et d'oies sauvages, de pélicans roses et gris, d'échassiers de toutes formes et de toutes couleurs, de nuées de pigeons ramiers et d'autres oiseaux dont le nom m'échappe.

Malheureusement l'absence de toute végétation et de tout accident de terrain nous rendait très-difficile l'approche de ce gibier. Nous commencions seulement à fonder quelque espérance sur les volatiles que nous avions réussi à rabattre dans les broussailles de la rive, quand un vent frais et assez violent nous rappela notre parole : nous nous dirigeâmes en hâte vers le bateau. Quelques minutes après, nous filions, toutes voiles dehors, et un léger roulis causé par le souffle du vent dans notre grande voi.e latine nous berçait agréablement sur les flots.

Ce sont des journées du *farniente* le plus complet que celles-là, pendant lesquelles il se présente à vos yeux et à chaque instant des spectacles tout nouveaux qui vous intéressent au dernier point. Quand les eaux sont basses, le lit du fleuve, à proprement parler, est encore assez large, mais le chenal qu'on doit suivre pour trouver une profondeur suffisante à la navigation est fort étroit. Il s'ensuit qu'on frôle littéralement les autres barques et que l'on ne perd aucune des scènes fort curieuses, souvent fort tristes, qui s'y passent d'ordinaire.

Celles qui remontent le courant offrent un moindre intérêt. Elles sont chargées de marchandises turques, quelquefois européennes, que l'on emporte dans le Soudan et le Sennaar pour les échanger contre des produits indigènes. On y voit des Arabes entassés pêle-mêle en nombre cinq fois plus grand que ne peut raisonnablement en contenir la barque. Les uns regagnent la haute Egypte, qu'ils ont quittée pour essayer de faire fortune au Caire; les autres vont travailler dans les usines vice-royales; le reste, et c'est le plus grand nombre, se transporte ainsi parce qu'il faut que l'homme voyage, que le Nil est la grande voie de communication, la seule route vraiment existante, et que dans un pays qui consiste en la vallée d'un grand fleuve, il est naturel de se servir, au lieu de voitures, de moyens de locomotion nautiques. Mais de tous ces gens presque aucun ne connaît son voisin, et, comme l'Arabe ne se départit jamais de ses habitudes particulières, les scènes les plus différentes se passent à bord simultanément. On y danse, on y joue, on y mange, on y fait sa prière; car il est rare que ce peuple y manque, et jusqu'à trois fois le jour.

Du pont de notre cange, notre regard plongeait dans ces taudis ambulants où une seule uniformité régnait d'un bout à l'autre : la malpropreté, encore accrue par la présence des mouches et de la vermine.

Mais un spectacle vraiment intéressant parce qu'il est toujours varié, c'est celui des canges de marchands descendant le Nil, qui, les jours où le vent favorisait notre voyage vers le sud, se laissaient aller au courant en s'aidant des rames. L'avant de ces bateaux est généralement occupé par des esclaves des deux sexes. Bien qu'ils soient fort laids, qu'ils aient complétement le type et la couleur nègre, ces malheureux à vendre m'ont toujours produit une profonde émotion, toutes les fois que j'ai eu l'occasion d'en voir. — J'ai entendu beaucoup de personnes, même libérales, soutenir l'opinion que l'esclavage est la condition la plus heureuse pour ces gens-là, citant comme preuve le peu d'envie qu'ils semblent manifester de s'enfuir, bien qu'ils aient pour eux la protection de la loi. Je ne nie pas le fait; mais il est facile à expliquer : une fois réduits au point où nous les voyions, complétement dénués de tout, ne connaissant pas la langue de l'Égypte, isolés à mille ou douze cents lieues de chez eux, et ayant à traverser pour retourner dans leur patrie précisément la contrée où s'organise la chasse des esclaves, contrée où ils seraient sûrement repris et sévèrement corrigés, ils n'ont en effet qu'un parti à prendre, et je le ferais à leur place, c'est d'accepter leur chaîne, dussent-ils en mourir. Ce qui m'étonne, c'est que le gouvernement égyptien, que j'admire à d'autres points de vue, tolère un pareil abus contre ses propres lois. Il pourrait empêcher même la contrebande : comment laisse-t-il faire ce commerce ouvertement? La raison de cette tolérance est dans l'organisation même de la société et de la famille turques. L'esclave est nécessaire au harem, et le harem est nécessaire aux Turcs. Je crains que la guérison d'un mal aussi ancré ne soit hors du pouvoir et de la volonté des hommes. Cette raison si nulle, si basse, si despotique, me faisait prendre en pitié ces esclaves, que je voyais couchés nus sur l'avant du bateau, tandis que le marchand, toujours européen, vêtu du reste à l'européenne, se prélassait en manches de chemise, à l'arrière. Ce qui causait surtout ma rêverie, c'était l'avenir de ces malheureux, qui ne savaient encore entre quelles mains ils allaient tomber, et dont le sort dépendait de cet être métis de l'arrière, qui, n'étant plus de son pays, n'était pas non plus du leur, de cet être aux traits intelligents mais cruels, qui ne voyait dans l'existence et la santé de ces humains qu'un profit à espérer, et dans leur mort qu'une perte plus ou moins onéreuse. Derrière l'homme, au-dessus du gouvernail, s'agitait quelque animal extraordinaire, féroce ou inoffensif, mais toujours sauvage ; puis une grande quantité de singes, ordinairement en liberté, grimpaient dans les cordages, agaçaient les matelots, dérobaient quelques riens à la cuisine, et s'enfuyaient tout fiers de leur larcin. Ce dernier spectacle nous égayait beaucoup ; de telle sorte que, si nous avions aperçu ces barques avec un serrement de cœur, nous les voyions s'éloigner en riant.

Il serait trop long d'énumérer les mille incidents qui viennent égayer la monotonie de ces journées de bon vent.

A chaque instant des oiseaux passent à portée de fusil. C'est un tir presque permanent. Si le gibier est trop éloigné, il suffit de prévenir le drogman : la voile est immédiatement carguée, quatre matelots saisissent rapidement les avirons de la petite chaloupe attachée à l'arrière de la cange, et il ne reste plus au chasseur que d'être adroit. On revient content ou malheureux, suivant le succès ou la défaite; la barque est rattachée, la voile est retendue, et l'on continue sa route. On a, il est vrai, parcouru deux ou trois kilomètres de moins ce jour-là, mais une belle proie vaut bien ce retard, quand, en France, de pauvres chasseurs font trois lieues pour rapporter une caille blessée par un collègue, et trouvée agonisante dans un sillon.

CHAPITRE II

ARROSEMENTS. — HISTOIRE.

Tout le monde sait qu'il ne pleut jamais en Égypte, que le pays est fertilisé par les crues périodiques du Nil. La nature, qui a laissé s'agglomérer là une si grande population, se trouve être maintenant dans l'obligation de ne pas la laisser mourir de faim. Or, voici comment elle parvient chaque année à exécuter ses conventions :

Vous sourirez peut-être, lecteur, quand je vous dirai que les inondations du Nil sont dues au désert, qui devient ainsi en quelque sorte le nourricier de l'Égypte. Je m'explique : la chaleur extrême qui règne dans le désert fait sans cesse monter les couches d'air les plus basses dans les régions supérieures : c'est du nord que sont constamment attirées les nouvelles couches qui prennent la place des premières. Ces déplacements d'air constituent le vent du nord, qui ne cesse donc presque jamais en Égypte, surtout pendant l'été. Qu'arrive-t-il ? Le refroidissement immédiat opéré par ce vent sur les évaporations du Nil forme quantité de petits nuages blancs. Ces nuages sont chassés par le même vent dans les régions du sud, et préparent, par leur agglomération, les pluies périodiques qui tombent en si grande abondance chaque printemps dans les contrées équatoriales. Ces pluies produisent l'inondation. L'inondation elle-même, à son tour, produit, aidée des vents du nord, les petits nuages dont j'ai parlé tout à l'heure, et les crues se répètent ainsi, les unes par les autres, comme une chaîne sans fin. Le pays est ainsi tellement fertilisé, qu'il peut facilement produire plusieurs récoltes par an.

Mais, comme le Nil ne déborde qu'une fois, il fallait trouver, pendant les eaux basses, un moyen d'arroser les terres. Les fellahs y sont parvenus, à l'aide de deux appareils un peu différents, mais qui tous deux atteignent le même but. L'un s'appelle une chadouf, et l'autre une sakieh.

La chadouf consiste en une simple bascule. A l'une des extrémités est suspendu un sac fait ordinairement de peau de mouton et destiné à puiser l'eau dans le fleuve. — A l'autre extrémité est fixée une grosse motte de terre qui fait contre-poids. Quand le sac est arrivé au niveau des terres cultivées, l'Arabe préposé à ce travail, entièrement nu, le corps hâlé et presque rôti par le soleil, retourne la peau de mouton de manière à verser l'eau qu'elle contient dans une rigole, par laquelle elle est conduite jusqu'au champ qui doit être arrosé. A l'époque où nous nous trouvions, les eaux étaient assez basses pour qu'on fût obligé de superposer trois et même quatre chadoufs. Les hommes qui accomplissent ce travail sont presque toujours des esclaves. Le grincement produit par les attaches des chadoufs glissant les unes sur les autres, le chant monotone et triste modulé par ces éternels arroseurs, la naïveté de ce mécanisme, tout cela ne manque pas d'une certaine poésie plaintive qui attriste et charme tout à la fois.

La sakieh, au contraire, est mise en mouvement par un bœuf. C'est un système d'arrosage bien plus perfectionné; aussi le vice-roi prélève-t-il sur chacune un impôt de 300 piastres.

Voilà pourquoi l'Égyptien ne renonce pas aux chadoufs, et puis s'il a des esclaves, il faut bien les employer; leur travail ne se paye pas. Le bœuf est attelé à un manége qui met en mouvement une corde sans fin, garnie tout au long de pots en terre, qui puisent l'eau dans le Nil et qui se déversent d'eux-mêmes, à hauteur de la rigole. Généralement les sakiehs ont un aspect frais et riant. On a soin de protéger le bœuf travailleur contre les rayons du soleil, par une agglomération de palmiers, de doums, de figuiers de Barbarie, de toutes les sortes d'arbres que l'Égypte peut produire (et il y en a beaucoup). L'eau courante de la rigole et celle qui, par suite du mauvais état des vases, retombe dans le Nil de toute la hauteur de l'appareil, ajoutent encore à la fraîcheur et au charme d'un semblable lieu.

Si le lecteur veut me le permettre, nous nous installerons près d'une de ces sakiehs, et là, couché sur quelque amas de feuilles, à l'ombre de tous ces arbres exotiques en vue desquels on pourrait se croire aux Indes, aux Amériques, au bout du monde, nous jetterons un coup d'œil sur la série des dynasties d'Égypte, sans la connaissance desquelles rien ne nous intéresserait dans les monuments que nous avons à étudier.

Du reste, tout ne nous invite-t-il pas au travail? Près de nous, le vieux Nil remplit son devoir de couler et de nourrir son pays en lui apportant le limon fécondant. Les oiseaux-mouches, en quantités innombrables, avec leurs vives couleurs, tressent leurs nids au-dessus de nos têtes. On entend, au loin, les animaux des campagnes, qui commencent à piétiner la nouvelle moisson. Il n'y a pas jusqu'à ce bœuf, notre voisin, qui ne cesse de tourner sa manivelle et qui ne nous offre à chaque instant à boire de l'eau fraîchement tirée.

Quels beaux jours en voyage, que ceux où l'on peut s'arrêter ainsi dans des lieux qui charment et qui reposent! J'ai bien souvent remarqué, à l'exemple d'une femme célèbre qui a pourtant décrit avec passion certains pays. Mme de Staël, que le voyage est, en somme, une occupation triste! Toujours marcher, toujours traverser des pays où peut-être on trouverait le bonheur en s'arrêtant, et si l'on stationne en quelque lieu, ne le faire que juste assez de temps pour pouvoir le connaître et le regretter. Mais ici, pour en revenir à la sakieh, car je m'aperçois que nous n'avons pas encore commencé notre travail, qu'est-ce qui nous passionnerait, au point de nous faire regretter de partir?

Tout n'est que charme dans cet arrêt. Cette fraîcheur, cette eau, ce bœuf, nous les retrouverons vingt et cent fois pendant le cours du voyage; et je pense, cher lecteur, que vous n'êtes pas tellement sensible, qu'une seconde sakieh absolument semblable ne vous fasse pas oublier celle-ci.

Commençons donc. Et d'abord, de quelle manière est-on parvenu à s'éclairer sur une histoire aussi reculée; et quels sont les principaux documents que l'on a pu consulter? En premier lieu, les monuments, qui, depuis les fameuses découvertes de Champollion, sont devenus des pages ineffaçables et irrécusables de l'histoire des temps où ils furent construits. On peut ensuite consulter une histoire d'Égypte écrite en grec, huit cent soixante-douze ans avant l'hégire, par un prêtre égyptien nommé Manéthon. Malheureusement ce livre ne nous est pas parvenu en entier. Parmi les autres auxiliaires, on peut citer: Hérodote, qui visita l'Égypte quatre cent soixante ans avant Jésus-Christ; Diodore de Sicile, voyageur grec qui remonta le Nil, l'an 8 avant Jésus-Christ; Strabon, Grec aussi, à peu près contemporain du précédent; enfin, Plutarque, qui, vers l'an 90 après Jésus-Christ, écrivit en grec un traité sur Isis et Osiris.

A l'aide de tous ces documents, nous voyons que trente-quatre dynasties ont successivement régné sur l'Égypte.

Le premier fondateur de ces monarchies fut Ménès. D'après Manéthon, ce prince aurait commencé son règne l'an 5004 avant Jésus-Christ.

Comment concilier ce fait avec le récit de la Bible, qui recule moins loin la création du monde? Une coutume des Égyptiens de dater par les années du roi régnant, sans tenir compte de la chronologie générale, contribue d'abord à rendre obscures les véritables époques, qui, en somme, ne sont jamais données en chiffres par aucun document. Ensuite on sait que l'Égypte a été, à diverses périodes de son histoire, partagée en plusieurs royaumes. Il peut donc se faire que Manéthon nous donne comme successives des dynasties dont le règne aurait été simultané. Ne pourrait-on encore invoquer les procédés, évidemment rudimentaires et défectueux, que les premiers hommes avaient à leur disposition pour compter les années solaires; et expliquer ainsi le manque d'uniformité dans les calculs des différents pays? D'ailleurs les démentis que la science s'est flattée d'avoir successivement donnés à la véracité de la Bible ont assez souvent été confondus, quand les faits invoqués ne prouvaient pas précisément cela même qu'ils voulaient renverser, pour qu'il nous soit permis de croire que la contradiction des dates ne provient ici que de l'ignorance où nous nous trouvons, et de l'obscurité qui règne encore sur ces premiers temps de l'histoire. Servons-nous toutefois des chiffres donnés par les savants, pour éviter un débat dans lequel je me reconnaîtrais personnellement un trop indigne champion : si je me suis permis cette simple remarque, c'est que je m'appuyais sur l'autorité de la Bible, qui en somme en vaut bien d'autres.

Ménès aurait donc commencé son règne cinq mille quatre ans avant Jésus-Christ. D'après Manéthon, les trois premières dynasties auraient regné sept cent soixante-neuf ans; il existe peu de monuments de ce temps, et fort imparfaits.

A partir de la quatrième dynastie, des monuments assez nombreux permettent de préciser les faits davantage. Le personnage dominant est Chéops, qui nous a laissé la grande pyramide. Les difficultés surmontées dans l'achèvement d'un pareil travail prouvent déjà une grande intelligence et un certain degré de civilisation.

Thémis et Memphis avaient été jusqu'alors choisies tour à tour pour capitales ; la cinquième dynastie s'établit à Eléphantine.

Dans la sixième, deux personnages célèbres : la reine Nitocris, qui, pour venger le meurtre de son frère, noya les coupables, au milieu d'un repas dans une galerie souterraine, et dont Lucrèce Borgia paraît s'être inspirée ; Appapus, roi guerrier, qui vainquit les nègres, les bédouins et quelques tribus hostiles du Nord.

Aucun monument ne nous éclaire sur la période de quatre cent trente-six ans qui s'écoule depuis cette époque jusqu'à l'avénement de la onzième dynastie, l'an 3064 avant Jésus-Christ.

A cette époque nous trouvons les noms, l'écriture, et jusqu'à la religion, transformés, après ce long silence. Thèbes devient le siége du gouvernement.

Avec la douzième dynastie, l'Égypte entre dans toute sa splendeur. Sous le règne d'Osortasen Ier, elle conquiert ses limites naturelles au nord, et cherche à s'étendre au sud. Malheureusement, dans la Nubie supérieure, non loin de l'Abyssinie, habitaient des peuples nègres très-puissants ; ils se nommaient les Couschites. C'est contre eux que se sont élevées les forteresses de Kumneh et de Semneh, au delà de la deuxième cataracte. Ces peuples furent tenus en respect, pendant tout le règne de la douzième dynastie. Mais les invasions terribles qu'ils firent plus tard en Égypte, détruisirent la plupart des monuments élevés à cette époque. Les hypogées de Béni-Haçan sont à peu près les seuls vestiges de ce temps de prospérité. Ils l'attestent, sinon par la perfection des peintures, au moins par les sujets qui y sont représentés ; ce sont des bestiaux que l'on engraisse, la terre qu'on laboure, le blé qu'on récolte ; puis un spécimen de ce qu'était à cette époque la navigation du Nil : on voit des barques en construction ou en partance, et aussi des meubles déjà élégamment sculptés. C'est sous un roi de la même dynastie, Amenemha, que fut creusé le fameux lac Mœris. Il s'étend encore aujourd'hui sur une surface de dix millions de mètres carrés, et fertilise une des plus riches provinces de l'Égypte actuelle, le Fayoum, qu'il arrache au désert. Depuis cette époque, toutes les générations ont joui de cette belle création et bénissent encore son auteur. L'Égypte a successivement donné deux noms à ce lac. De l'un, *Méri* (c'est-à-dire le lac par excellence), les Grecs ont tiré le nom de *Mœris*, mal appliqué par eux à un roi. De l'autre nom, *Pi-om* (mot de la langue antique qui signifie *la mer*), est dérivée l'appellation actuelle de la province tout entière, Fayoum.

La treizième dynastie est peu connue. On sait simplement, par quelques inscriptions, que, pendant sa durée, l'Egypte ne perdit pas de la splendeur qu'elle avait acquise sous la douzième. On apprend aussi qu'à cette époque, le Nil, à la deuxième cataracte, s'élevait chaque année à sept mètres plus haut qu'il ne s'élève aujourd'hui. Y a-t-il vraiment une décroissance à constater, ou n'était-ce pas plutôt, comme pense M. Mariette (dont je ne fais guère ici qu'abréger les observations), le résultat de travaux entrepris par cette dynastie pour résister aux ennemis du Sud, en rendant le passage de la deuxième cataracte impraticable aux navires?

C'est à la fin de la quatorzième dynastie qu'eut lieu du côté du nord cette terrible invasion des Hycsos, ou pasteurs, qui reléguèrent les rois égyptiens dans la Thébaïde et qui s'établirent en maîtres dans le Delta. Ces peuples, dit Manéthon, étaient sans gloire, et firent leur apparition du côté de l'Asie.

Sous la dix-septième dynastie, nous trouvons encore l'Égypte, partagée, il est vrai, entre des rois rivaux, mais jouissant cependant d'une certaine prospérité. Les tombes de Qournah attestent l'existence, à Thèbes, de hauts fonctionnaires et d'une hiérarchie, c'est-à-dire d'un État policé : dans la basse Égypte, les rois pasteurs s'étaient établis à Tanis-Sân ; dans les temples de cette ville, on retrouve, avec le culte de Suteckh, l'ancien dieu des envahisseurs, les arts et la religion de l'Égypte. Les vainqueurs avaient subi la réaction du vaincu ; on constate en effet dans le Delta, à cette époque, l'existence de sphynx ; l'écriture y est devenue égyptienne, et, véritables Pharaons, les rois pasteurs se font appeler comme eux fils du Soleil. Mais les princes de la Thébaïde ne cessaient de voir des usurpateurs dans les rois régnant à Tanis-Sân. Une guerre courte, mais acharnée, éclata bientôt. Assiégés jusque dans leur capitale par le fameux Amosis, les Hycsos furent vaincus et refoulés en Asie ; quelques-uns reçurent d'Amosis la permission de demeurer sur les terres qu'ils avaient cultivées. On peut, aujourd'hui, voir leurs descendants, aux membres robustes, à la face sévère et allongée, près d'Alexandrie, dans une petite bourgade sur les bords du lac Menzaleh. De fortes présomptions tendent à faire croire que c'est sous la domination de ces rois pasteurs que Joseph vint en Égypte. Il n'aurait donc pas été ministre d'un Pharaon de sang national.

Les pasteurs une fois exterminés, l'Égypte se relève plus puissante que jamais. Nous sommes en l'an 1703 avant Jésus-Christ. La puissance d'Amosis Ier s'étend de la Méditerranée à Gebel-Barkal. Des gouverneurs sont envoyés au Soudan, et, au nord, les garnisons égyptiennes s'étendent jusqu'en Mésopotamie, aux bords de l'Euphrate et du Tigre. Amosis conduisit même une armée en Palestine, et, au sud, alla jusqu'au cœur de la Nubie. Après lui vint Aménophis Ier, qui pénétra jusqu'en Syrie, au nord, et dans le Soudan, au sud. Puis Touthmès Ier, qui s'empara de l'Ethiopie et pénétra en Assyrie, jusqu'à l'Euphrate; Touthmès II, puis Touthmès III, trop jeune pour gouverner, fut placé sous la tutelle de sa mère Hatasou. C'est pendant cette régence que furent élevés les deux obélisques de Karnak, et le temple de Deir-el-Bahari. Après la régence, sous le règne de Touthmès III, l'Égypte est, on peut le dire, à l'apogée de sa puissance. A Wady-Maghara, à Héliopolis, à Memphis, à Thèbes, à Ombos, à Eléphantine, en Nubie, s'élèvent des édifices nombreux et magnifiques. Sous ce règne, les flottes égyptiennes s'emparent de l'île de Chypre, et les armées de terre soumettent toute l'Asie occidentale. L'Égypte possédait alors l'Abyssinie actuelle, le Soudan, la Nubie, la Syrie, la Mésopotamie, l'Arabie, le Kurdistan et l'Arménie. Le quatrième successeur de Touthmès bâtit, entre autres monuments, une grande partie de Karnak, le temple de Louqsor, et le grand temple, à présent détruit, dont les deux colosses de Memnon ornaient l'entrée. Le règne d'Aménophis IV est connu principalement par le transport de la capitale à Tell-el-Amarna et par certaines modifications dans les vieux dogmes de la religion nationale. Sous le règne d'Horus, une réaction violente se produisit contre les sacriléges innovations tentées par Aménophis IV; et Tell-el-Amarna fut détruite de fond en comble.

Sous la dix-neuvième dynastie, la fortune de l'Égypte se maintint, bien qu'elle parût menacée de différents côtés. Le premier roi fut Ramsès Ier, suivi de Séti Ier sous lequel des révoltes nombreuses, mais toujours réprimées, éclatèrent en Asie. Il construisit la belle salle hypostyle de Karnak, le temple d'Abydos, incomparable parmi les monuments d'Égypte, et enfin la tombe de Bab-el-Molouk, à Thèbes, où il fut enterré. Le fils de Séti Ier, Ramsès II, lui succéda. C'est le roi constructeur par excellence. Les deux temples d'Ibsamboul, le Ramesséum de Thèbes, le petit temple d'Abydos sont de lui. Son long règne, qui dura soixante-sept ans, et ses guerres, où il faisait des prisonniers pour lui servir d'ouvriers, lui ont permis ces nombreuses constructions. La Bible nous montre les Israélites à cette époque occupés, dans l'est du Delta, à la construction d'une ville qui s'appelait *Ramzès*. Sous ce règne, de tous côtés éclatent des soulèvements. Les Lybiens accourent de l'Occident et ne sont contenus qu'avec de grands efforts. Ramsès eut cent soixante-dix enfants. Il eut pour successeur son treizième fils, que les inscriptions appellent Ménephta. C'est sous ce roi, pense-t-on, que les Israélites quittèrent l'Égypte. Mais s'il est vrai que ce prince périt dans la mer Rouge, son tombeau n'en subsiste pas moins parmi ceux de Bab-el-Molouk.

A la tête de la vingtième dynastie apparaît un grand roi, Ramsès III. Sur les murs de Médinet-Abou, qui fut son œuvre, sont partout gravés ses exploits. Les Lybiens, les Khétas, les peuples de la côte de Syrie et de l'île de Chypre, se liguent contre lui, et des bas-reliefs de Médinet-Abou nous les représentent précipités dans la mer.

Après ce roi commence la décadence. Au nord et au sud, les conquêtes des rois précédents échappent une à une. Bientôt l'Égypte est extrêmement réduite et entourée de voisins plus puissants qu'elle.

En l'an 1110 avant Jésus-Christ, l'Égypte est partagée par ses divisions intestines en deux royaumes. A Thèbes gouvernent les rois sortis de la caste sacerdotale ; à Tanis-San règne la dynastie que Manéthon regarde comme légitime. Toute l'ancienne prépondérance est perdue en Asie : les rois thébains choisissent des noms sémitiques, et les rois de Tanis envoient une princesse égyptienne au harem de Salomon!

La vingt-deuxième dynastie a pour capitale Tell-Basta. Le premier de ses rois, le Sésac de la Bible, réussit encore à assiéger Jérusalem et à s'emparer des trésors du temple. Mais ensuite l'Égypte subit tellement l'influence de l'Asie qu'on peut dire qu'elle ne s'appartient plus.

Les dynasties suivantes offrent le triste spectacle de démembrements successifs et de querelles intestines, où triomphèrent d'abord les princes éthiopiens et ensuite les princes de Thèbes, chantés dans la tragédie des *Sept Chefs*, l'une des plus belles créations de Sophocle.

Ces déchirements rendirent facile la conquête de l'Égypte par Cambyse, roi de Perse, 527 ans avant Jésus-Christ.

Ce triste royaume parvint à se dégager quelque temps de la domination étrangère; mais les défaites de Nectanébo II, le dernier des Pharaons, à Péluse et à Memphis, le livrèrent de nouveau aux envahisseurs.

Les Perses régnaient à peine depuis huit ans lorsque parut Alexandre. L'Égypte ouvrit ses portes au héros macédonien; et c'est ainsi que, persane avec la vingt-septième et la trente et unième dynastie, elle devint grecque sous les nouveaux maîtres que la fortune de la guerre venait de lui donner.

Alexandre le Grand (332 ans avant Jésus-Christ) jeta les fondements de la ville qui, à travers les siècles, a conservé son nom. Il laissa aux vaincus leur religion, leurs coutumes, leurs arts, leur langage, leur écriture. On sait comment il succomba au milieu de ses victoires, comment ses généraux se partagèrent l'empire, et comment l'Égypte échut à Ptolémée.

C'est ce Ptolémée qui inaugura la trente-troisième dynastie, appelée Ptolémaïque du nom de ses rois. Malgré l'infériorité relative où l'Égypte se trouva sous leur règne, les Ptolémées ont pourtant bien mérité de ce pays. Ils eurent d'abord une politique de tolérance contraire à celle des Perses et dont les riverains du Nil n'eurent qu'à se louer. Les monuments qu'ils bâtirent gardèrent même la forme égyptienne. Le temple d'Edfou date de cette époque et compte certainement parmi les plus beaux. Aux Ptolémées se rattache aussi un grand mouvement intellectuel, qui eut son centre à Alexandrie, et qui, longtemps encore après eux, a exercé la plus décisive influence sur les destinées du monde. C'est un Ptolémée qui a ordonné à Manéthon d'écrire en grec les annales historiques de son pays. C'est aussi sous un Ptolémée que fut faite la traduction grecque des Livres sacrés des Hébreux, connue sous le nom de version des Septante. Malheureusement, le temps n'est plus loin où l'un de ces princes, Ptolémée-Alexandre, mourant sans enfants, disposera de l'Égypte comme d'une ferme, et, par testament, léguera la patrie de Ramsès au peuple romain.

En l'an 30 avant Jésus-Christ l'Égypte n'est donc plus même un royaume, et désormais elle ne comptera parmi les nations que comme une province de cet immense empire dont Rome était la capitale. C'est à l'époque romaine que l'on doit les monuments d'Esneh, de Dendérah, et d'Erment, copiés sur l'ancien style ; ceux de Kalabscheh, de Dandour et quelques édifices de Philée. Quand vint le démembrement de l'empire romain, la province d'Égypte fut assignée au souverain de Constantinople.

A l'avénement de Théodose commença pour elle une ère chrétienne dont j'aurai occasion de parler plus loin, et qui dura jusqu'à l'invasion des armées du prophète. L'Égypte devint alors et resta musulmane, telle que nous la connaissons aujourd'hui.

CHAPITRE III

LES TOMBES DE BENI-HAÇAN. — MINIEH. DÉCOURAGEMENT.

Voilà notre long travail historique terminé. Puisse-t-il ne pas vous avoir fait prendre en grippe la belle et fraîche sakieh que nous avions choisie pour cabinet d'étude !

Ne tardons pas du reste à la quitter. Le Nil continue son cours régulier ; les animaux piétinent toujours dans la campagne, les oiseaux-mouches n'ont pas terminé leurs nids, et le bœuf tourne et tournera bien longtemps encore, sans songer à dormir. Imitons la nature : debout maintenant. Poussons le cri d'Ossian dans ses courses au milieu des belles montagnes d'Écosse : « *Excelsior*, toujours plus haut ! » Voguons vers la Haute-Égypte et vers les montagnes de Nubie.

Nous apercevons de loin la ville de Minieh :

nous nous y arrêterons, car son aspect est assez gracieux. Pourtant ne nous illusionnons pas trop d'avance sur ses charmes. Bien qu'on trouve à Minieh un reste de civilisation européenne, une promenade à l'intérieur étonne le voyageur novice qui n'est pas encore habitué aux huttes des fellahs et aux constructions en terre crue. Après cette ville, il faut dire absolument adieu, non-seulement à ce qui pourrait passer en Europe pour une agréable habitation, mais même à ce qui se croirait le droit, chez nous, de porter le nom de maison. Dans ces villes de la Haute-Égypte, il n'y a pas à s'inquiéter, comme en Europe, des choses les plus curieuses à voir. Il n'y a ni cathédrale ni musée, ni belles places ni rues illustres, comme le Corso de Rome, ou le Prado de Madrid; ni ces mille choses qui ne méritent pas toujours leur réputation, mais qu'il faut du moins visiter, pour emporter avec soi la satisfaction d'une observation consciencieuse. Ici nous n'avons qu'une chose à voir, le spectacle de la rue, le mouvement, la variété des costumes; spectacle plus complet et plus curieux encore dans les galeries du bazar. Je ne dirai rien de celui de Minieh, parce que j'aurai l'occasion d'en décrire de beaucoup plus intéressants.

Après nous être promenés quelques heures devant ces boutiques sales, basses, où les meilleures denrées ne pourraient vous tenter, sous leur manteau de poussière et de vermine, nous entrâmes dans un café. C'était une salle relativement assez grande, mais fort obscure, où le jour ne pénétrait que par la porte d'entrée. Des nattes placées tout autour sur des amas de boue sèche, ayant à peu près la forme des divans turcs, formaient tout le mobilier. Un petit fourneau était placé au milieu de la chambre pour préparer le café, car je ne pense pas qu'aucun autre aliment pût être débité dans un pareil taudis. On nous en apporta immédiatement, mais sans sucre. Hélas ! nous eûmes le tort d'en demander ! L'exiguïté des tasses nécessitait de très-petits morceaux. Les tailler avec une hachette eût été trop long. D'ailleurs le cabaretier possédait-il cet instrument ? Il se mit, oh horreur ! à les couper avec ses dents, et il les plongea immédiatement dans nos tasses. Nous nous disposions, comme vous le pensez bien, à sortir sans rien prendre, lorsque nous entendîmes une voix s'élever du fond de l'antre. C'était celle du capitaine de notre cange, qui se trouvait là avec plusieurs de nos matelots. Il nous priait d'accepter ce café comme une libéralité de sa part, avec mille instances répétées, qui nous mettaient vraiment dans l'obligation d'accepter son présent. Il y a parfois dans la vie des situations bien critiques. Jugez, ami lecteur, de toute l'horreur de la nôtre : d'un côté, cette tasse sucrée, mais de quelle manière ! de l'autre, ce capitaine plus sucré peut être encore, souriant, fier de sa libéralité, enchanté de nous être si agréable, espérant se faire vouer de notre part grande reconnaissance pour l'avenir. Nous avalâmes intrépidement ! Mais, trop obséquieux capitaine, sois persuadé que par reconnaissance nous te rendrons mille services à notre tour. Nous te les préparerons d'avance ; ils seront assaisonnés de même sorte.

Au delà de Minieh, on aperçoit les tombes de Béni-Haçan ; elles ont une grande importance, comme nous l'avons vu, en ce qu'elles sont les seuls monuments qui attestent la prospérité du règne de la douzième dynastie. Les voyageurs en ont fait de fort belles descriptions, et j'avais entre les mains un Guide qui les plaçait parmi les plus beaux monuments d'Égypte. Je fus un peu désillusionné en y arrivant, et cependant deux choses m'y parurent curieuses : la conservation des couleurs, malgré leur extrême antiquité, et l'existence à cette époque de colonnes doriques cannelées à base arrondie, telles qu'on en voit en Sicile et en Italie. Le plus beau des deux portiques encore intacts, celui de l'hypogée de Ménophtah, « chef administrateur des terres orientales de l'Heptanomide, » est composé de colonnes doriques sans base, comme celles de Pœstum.

Les tombes de Béni-Haçan, à cause de ces particularités, méritent donc d'être visitées, mais ne m'intéressèrent que fort médiocrement, parce que je reste froid devant les choses qui sont simplement curieuses sans être belles. Plusieurs trouveront peut-être que j'ai tort. Je le regretterai sans me modifier là-dessus, car réformer un sentiment, une impression, n'est pas, à mon avis, une bonne chose. Alors on n'est plus soi-même, on tombe dans la catégorie des gens qui bâillent en applaudissant Beethoven par genre, et qui, par genre aussi, demandent *Athalie* au Théâtre-Français, même depuis que les tragédiens sont morts. Soyons donc sincères ; c'est une qualité qui nous manque trop souvent.

Sous le rapport de la simplicité, les peintures de Béni-Haçan nous donnent un fameux exemple. A dire vrai, je ne voudrais pas, en fait d'art, qu'on en revînt à la naïveté de l'époque d'Osortasen, deuxième roi de la douzième dynastie; et cependant, ne vous en déplaise, cette naïveté avait du bon. Ainsi, quelle clarté! l'homme est-il peint en rouge ou en brun foncé, sans demi-teintes, sans ombres qui tromperaient le spectateur, avec un ton bien uniforme, bien lavé, bien plat : c'est un homme du Midi, c'est un Égyptien des régions supérieures. Est-il plus clair, c'est un étranger. Est-il noir, c'est un esclave. Voilà s'il en fut jamais, ce me semble, de la peinture parlante. Cette simplicité peut faire sourire; mais il serait injuste, à mon avis, de la railler. L'enfance d'un peuple est comme l'enfance de l'homme. Quand celui-ci tend, avec effort, vers une perfection quelconque, même s'il ne l'atteint pas, je le trouve pourtant digne d'une attention bienveillante. Grand fut mon étonnement, quand je constatai plus tard l'existence d'une voûte dans le temple d'Abydos, l'un des plus anciens monuments d'Égypte. Je m'aperçus ensuite, il est vrai, qu'elle était formée d'immenses monolithes, taillés en demi-cercle, dont les deux extrémités venaient reposer sur les murs latéraux. Qu'importe! n'était-ce pas un progrès déjà, un acheminement vers nos procédés de cintrage les plus perfectionnés? Les peintures de Béni-Haçan sont donc respectables, malgré la naïveté de leur composition. Dans les luttes, l'homme terrassé semble vraiment fléchir de lui-même, d'autant plus que celui qui terrasse paraît d'une tranquillité absolue. Dans les chasses, le gibier semble si à son aise qu'on ne pourrait le croire blessé, si de grosses raies qui pourraient, à la rigueur, passer pour des poils roidis de l'animal, et qui sont en réalité des flèches, ne venaient attester l'adresse du chasseur. Voilà certainement un mode de dessin qui ne paraît guère devoir mériter nos regrets; mais, tout en dédaignant d'exécuter d'aussi naïves représentations, nous pourrions peut-être envier les mœurs simples qui ont dû les inspirer. Notons, dans ces tombes, la preuve de ce que j'ai avancé au sujet des pyramides : toutes ces chambres soutenues par des colonnes doriques étaient des chapelles où l'on venait honorer le défunt : le voyageur pourra constater dans chacune, l'existence du puits où l'on enfermait la momie.

Je dois citer aussi le tableau généralement le plus admiré dans ces tombeaux : un groupe d'hommes, de couleur claire, est amené devant un personnage de couleur brun foncé par un autre homme de la même teinte. Parmi les auteurs, les uns prétendent que ce tableau cherche à représenter des émigrants, présentés à un haut fonctionnaire égyptien par un scribe; les autres y ont vu l'arrivée de Jacob avec sa famille : malheureusement, l'établissement des Hébreux en Égypte est postérieur à la douzième dynastie.

Je citerai aussi une épitaphe assez intéressante. Elle est placée sous l'une des barques qui décorent le mur en si grande quantité, images de celles qui servaient à transporter la momie au tombeau. Dans cette épitaphe, le roi Améni raconte sa vie : « Toutes les terres, dit-il, étaient labourées et ensemencées, du nord au sud. Rien ne fut volé dans mes ateliers. Jamais petit enfant ne fut affligé. Je n'ai pas préféré le grand au petit dans tous les jugements que j'ai rendus. Jamais veuve ne fut maltraitée par moi. J'ai donné également à la veuve et à la femme mariée. » Cette dernière phrase prouve une libéralité particulière; car on pense généralement que dans ces temps reculés la veuve perdait, en même temps que son époux, l'estime et la considération.

Peu après les hypogées de Béni-Haçan, des cheminées, en grand nombre, annoncent de loin la plus importante des usines à sucre que possède le vice-roi. Peu d'établissements européens peuvent rivaliser avec ces nouvelles créations de la dynastie turque en Égypte. Le vice-roi possède tout le pays qui s'étend depuis Béni-Souef jusqu'à Siout. C'est un industriel que ce souverain. Il sait joindre aux soucis du gouvernement l'administration d'une immense fortune. Il est propriétaire d'une grande partie des terrains du Caire. Il y fait élever des hôtels, des théâtres, toutes sortes d'établissements qui sont administrés à son profit. Dernièrement, désireux d'étendre encore ses domaines, il rendit un décret par lequel il exigeait six années d'impôts anticipés. Il espérait que la plupart des propriétaires se trouveraient dans l'impossibilité de payer et vendraient leur sol. Dans ce cas, il eût acheté à vil prix, et le tour était joué. Heureusement que certains actes arbitraires, quand ils sont par trop iniques, fussent-ils émanés du gouvernement le plus absolu, ne peuvent s'exécuter en pratique. On est resté coi; quelques grognements sourds se sont fait entendre : personne n'a vendu ; le vice-roi a cédé. Les simples, qui avaient trouvé le moyen de payer, ne laisseront pas, malgré cela, que de verser à l'avenir leur impôt annuel. Mais je me suis promis de ne pas parler politique. Disons seulement que le vice-roi plante en cannes à sucre ses immenses propriétés ; que des usines sont établies pour presser la récolte; qu'il est intéressant de les visiter; mais que des machines à vapeur sorties de l'usine Cail, des cheminées, tant de bruit, de mouvement, de charbons de terre, en un mot, tout cet attirail d'industrie européenne, n'est pas ce que nous sommes venus chercher sur les antiques et tranquilles bords du Nil.

Laissons nos matelots éplucher les nombreuses cannes à sucre qu'ils ont volées pendant que nous visitions l'établissement, et se délecter de leur jus en les mastiquant, volupté fort généralement appréciée, mais que je n'ai jamais su partager, et traversons le Nil pour visiter le village de Cheik-Abadeh, qui fut autrefois Bésa, puis Antinoé. Je n'y retrouvai pas sans un grand plaisir les huttes en terre ombragées par les grands palmiers, les fellahs restés fellahs, c'est-à-dire cultivateurs, en un mot l'Égypte telle que j'étais venu la voir, avec sa couleur, ses antiquités, sa poésie. Lorsque l'empereur Adrien fit son voyage en Égypte, son favori Antinoüs se noya dans le Nil. Il voulut honorer celui qu'il avait tant aimé; et fonda une ville sous son nom, pleine de temples qui lui furent dédiés. L'emplacement fut choisi sur celui de Bésa antique, cité égyptienne disparue. C'était un point important pour la surveillance de la province d'Égypte. La nouvelle ville fut construite en quatre ans (132 après Jésus-Christ). Trois temples, des théâtres, des arcs de triomphe, des cirques, des colonnades, ornaient la ville que deux murailles entouraient. Sous les empereurs chrétiens, elle devint un évêché, et resta la métropole de la Thébaïde jusqu'au jour où elle fut saccagée par les Arabes. Le sultan Saladin fit enlever ses portes et démolir ses murailles. A la fin du siècle dernier, ses ruines étaient encore debout; mais tout a été jeté bas. Çà et là, on voit surgir de terre des fûts de colonnes, un autel, des chapiteaux culbutés; mais ce qu'il y a surtout d'intéressant, c'est la quantité peu croyable de lampes, de pots, de fragments de verre ancien que l'on trouve à terre. L'antiquaire et le numismate feront bien d'arrêter ici quelque temps leur cange : ils n'auront qu'à gratter la terre pour faire de curieuses trouvailles.

Des ruines d'Antinoé on peut aller visiter celles d'Hermopolis Magna ; mais l'affirmation de nos livres qu'il ne restait de cette ville aucun vestige, et, je dois l'avouer aussi, un commencement de désappointement général nous déterminèrent à passer outre.

J'ai parlé de notre désappointement : il était

en effet réel à cette époque de notre voyage. L'inconvénient de naviguer au printemps sur le Nil, c'est que le vent est constamment contraire. Nous avancions donc très-lentement : il y avait près de quinze jours que nous étions en route, et, en somme, qu'avions-nous vu ? peu de chose. La chasse nous était d'un grand secours contre l'ennui ; mais notre imagination, exaltée par les livres des savants, nous avait fait entrevoir des merveilles, et jusque-là nous n'avions parcouru qu'un pays plat et monotone. Étendus sur nos canapés, souffrant de la chaleur, n'ayant plus grand courage pour suivre à pied la cange quand elle était tirée à la cordelle par nos matelots, nous rêvions à nos courses à cheval dans les belles provinces d'Alger et de Constantine, que mes compagnons avaient visitées comme moi. Nous fîmes ce voyage une seconde fois par la pensée. Où étaient les belles forêts, les montagnes cultivées, les horizons bleus ? Que voyions-nous en Égypte de comparable au ravin de Constantine, aux environs de Bône, au beau lac Fetzara, et qu'y trouvions-nous de semblable aux émotions ressenties dans nos tentatives trop restreintes de chasse aux lions et aux tigres ? Nous n'avions jamais aperçu ces animaux ; mais nous les avions entendu rugir, la nuit, dans les grandes solitudes qui s'étendent au sud de Mansourah, et ceux qui ont assisté à un pareil spectacle savent quelle impression il laisse dans l'âme.

Il y a souvent, dans les voyages, de ces heures difficiles où le poids de la solitude et de l'éloignement vous écrase. Sur le Nil, le manque de lettres et l'absence totale de nouvelles font que ces affaissements sont plus complets.

Le vrai voyage d'Égypte, le parcours intéressant ne commence qu'à Ghirgheh; nous en étions encore fort éloignés; le vent était souvent contraire; nous nous demandions combien de mois durerait encore cette énervante locomotion; un silence presque constant régnait entre nous; nous lisions un peu; nous dormions beaucoup, et je ne sais vraiment quelles funestes décisions nous aurions fini par prendre, si une circonstance n'était venue tout à coup changer la face des choses.

CHAPITRE IV

LA GROTTE DES CROCODILES. — LES COPTES.

Le vent nous abandonna totalement vis-à-vis de Menfalouh. Nous consultâmes nos cartes, et nous lûmes, à cette même hauteur, mais sur l'autre rive du fleuve : « puits de momies de crocodiles. »

Notre drogman, interpellé à ce sujet, prit soudainement un air sinistre. Puis, comme éclairé par une idée subite, il nous fit amener des ânes, nous présenta trois Arabes aux traits durs et accentués, et prétexta sa complète inutilité, pour ne pas nous suivre. Farag-El-Baroudi avait, en effet, entendu parler de cette grotte comme d'une chose effrayante ; il savait qu'elle était pénible et même dangereuse à visiter; qu'un Anglais y avait péri peu de temps auparavant avec les Arabes qui l'accompagnaient. En homme prudent, il avait résolu de ne pas venir avec nous; mais, en homme habile, qui avait deviné notre ennui naissant, qui avait désiré le combattre dans son intérêt, il avait fait en sorte que nous entreprissions cette course.

Quant à nous, ce que nous avions lu de cette grotte et l'aveu fait par beaucoup de nos auteurs qu'ils n'avaient pas eu le courage de la visiter, avaient plutôt stimulé nos juvéniles ardeurs, quoique l'absence de notre drogman et de tout guide parlant le français, notre ignorance complète de la langue arabe, ne laissassent pas que de nous inquiéter un peu.

Forts cependant de notre jeunesse, excités par l'amour-propre et lassés par l'ennui des jours précédents, nous hâtions notre course, montés sur nos petits ânes, dont l'allure vive et alerte que nous pressions encore, contrastant avec la marche lente et monotone du bateau, nous rendait tout notre enthousiasme et notre gaieté. Il nous fallut traverser toute la plaine, gravir la chaîne arabique et cheminer quelque temps dans le désert.

Sévek, le dieu générateur de la triade thébaine, composée de Sévek, Khons et Hathor, était presque toujours représenté avec une tête de crocodile. Ce dieu, appelé dieu des ténèbres, personnifiait aussi la matière avec les germes de la vie qu'elle cache en son sein. Il eut pour épouse Nout, et de ce mariage naquit Râ, le dieu soleil, avec lequel commença la lumière, c'est-à-dire la vie de l'homme. Les crocodiles, emblèmes de Sévek, père de la vie, avaient donc droit au respect des Égyptiens, qui les momifiaient avec soin. Le Nil devait alors en nourrir des quantités considérables; car la grotte que nous allons visiter en est absolument comblée depuis la base jusqu'au sommet.

Cette grotte était vraiment digne de servir de sépulture à l'emblème d'un dieu, car elle est naturelle et formée dans une veine d'albâtre orientale. Malheureusement, cette riche paroi disparaît sous une couche épaisse de suie qui empêche la réflexion des torches et donne à la grotte un aspect lugubre et fantastique.

Ce tombeau devait certainement avoir eu autrefois une large entrée ; mais la seule ouverture que l'on connaisse à présent donne accès dans un corridor où l'on ne peut même pas avancer sur les genoux, et où il faut littéralement ramper. Ce corridor, qui était lui-même rempli de momies, s'est ouvert peu à peu, grâce aux nombreux larcins des Arabes, qui vont ensuite vendre ces dépouilles aux voyageurs trop timides pour aller s'approvisionner eux-mêmes.

Dès l'entrée, une odeur infecte vous saisit et vous écœure : c'est l'odeur des préparations dont les Égyptiens enduisaient les bandelettes pour la conservation des corps. La nécessité d'avancer à plat ventre, et par conséquent d'approcher son visage des bandelettes qui jonchent encore le sol, ne laisse pas que d'ajouter au désagrément. N'importe! il ne sera pas dit que nous ayons reculé. D'ailleurs le soleil est trop brûlant pour permettre de stationner dans le désert : avançons. Munis de trois lanternes portées par des Arabes entièrement nus, nous pénétrâmes, l'un après l'autre dans cet antre nauséabond. Tantôt, nous nous aidions, pour ramper, de nos deux avant-bras, tantôt nous devions nous coucher sur le dos et nous pousser en avant en accrochant nos mains à la voûte, tant le couloir devenait étroit et bas. Ce travail inusité aurait été supportable encore, sans la chaleur qui était extrême, sans la poussière que soulevaient nos mouvements, et sans une quantité de chauves-souris énormes, qui, dérangées dans leur sommeil, troublées par les lueurs de nos bougies, et surtout gênées dans leur vol par l'exiguïté du passage, nous frappaient la figure, s'accrochaient à nos vêtements et ajoutaient encore un aspect fantastique à l'horreur de notre situation.

Après un quart d'heure environ de cette marche fatigante, nous rencontrâmes les restes du malheureux Anglais asphyxié dans cette grotte avec les deux Arabes qui l'accompagnaient. Ils avaient eu l'imprudence d'y pénétrer avec des bougies sans lanternes. Le feu s'était communiqué aux bandelettes, et la fumée les avait étouffés avant qu'ils aient pu sortir. Est-ce à cause de la sécheresse du lieu, est-ce par l'influence de cet air saturé des préparations anciennes destinées à la conservation des corps, que ces trois cadavres modernes ont échappé à la corruption? je ne saurais le dire. Ce qui est certain, c'est qu'on pourrait encore les reconnaître, car un de mes compagnons, saisissant une tête par une longue mèche de cheveux, s'écria : « Amis, voici un des Arabes ; je tiens son mahomet. » Cette rencontre et cette remarque n'égayèrent pas notre pénible course, qui se prolongea encore une demi-heure. Épuisés de fatigue, transpirant à grosses gouttes, ne respirant qu'à peine, nous arrivâmes enfin dans un corridor plus élevé, où nous pûmes marcher courbés. Puis, la route fut bientôt complétement interceptée par un véritable mur de momies empilées les unes sur les autres, et si bien rangées qu'elles ne laissaient aucun passage, même analogue à celui que nous venions de parcourir. Les grands crocodiles étaient momifiés seuls, les petits étaient enveloppés et ficelés par paquets de vingt-cinq. Ces amphibies sont conservés d'une manière vraiment étonnante. Les écailles, la peau, les pattes et les dents même sont absolument intactes. L'étoffe est coupée généralement en longues bandes qui entourent tout l'animal, en spirale, de la tête à la queue ; la teinte de ce liniment est jaunâtre et son odeur est fétide.

J'éprouvais la crainte de perdre connaissance en un lieu pareil. Cette idée avait tellement frappé mon imagination, qu'il me semblait par moments voir tous les crocodiles tourner autour de moi et sentir la vie m'échapper. Désireux de revoir le jour le plus promptement possible, je fis ma provision de momies, et je suivis en toute hâte l'Arabe qui me précédait de quelques mètres.

Cette précipitation faillit nous coûter cher : deux d'entre nous, moins craintifs, s'étaient aissés aller au charme d'un examen plus approfondi de cet agréable séjour. Accompagnés aussi d'un Arabe, ils s'imaginaient n'avoir rien à craindre ; mais, parmi nos guides, un seul homme, celui avec lequel je me trouvais alors, connaissait à fond ce dédale souterrain. Mes amis se perdirent ; Abdallah, l'habitué du lieu, s'aperçut de leur retard et conçut heureusement quelque crainte. Il rentra immédiatement dans cet infernal terrier, il s'y glissa comme une bête fauve ; il arpenta en vrai furet chasseur tous les recoins de l'antre, et découvrit enfin mes compagnons, qui, s'étant aperçus de leur horrible situation, commençaient à hurler pour appeler au secours. Hélas ! leurs cris eussent été inutiles, sous ces voûtes basses où le son était encore étouffé par les étoffes des bandelettes et par la poussière.

Ce fut avec une vive satisfaction que nous nous retrouvâmes tous les quatre au grand jour. Nous courrions et sautions malgré la chaleur, tant l'air nous paraissait bon, tant la vue du soleil nous faisait revivre. Le plaisir de la difficulté vaincue, la satisfaction du devoir accompli (car, voyageurs consciencieux, nous nous étions imposés comme un devoir les visites même les moins attrayantes), le bonheur de nous retrouver sains et saufs, d'avoir affronté une fatigue qui avait effrayé beaucoup de nos prédécesseurs, tout cela nous faisait oublier nos ennuis de la veille ; nous nous applaudissions de notre voyage d'Égypte ; nous étions enthousiastes, enfin. L'un de nous faillit se noyer dans le Nil, en revenant de cette excursion ; cet événement passa inaperçu, comme si ce second danger eût été inférieur au précédent.

Un vent frais et favorable s'éleva, à notre retour. Nous voguions contents ; les coups de fusil se succédaient avec rapidité. Nous ne faisions pas même grâce aux corbeaux, qui, n'étant pas chassés d'ordinaire, ne craignaient pas de venir se désaltérer sur les îlots ou sur les berges près desquels nous passions. Pendant que nous naviguons ainsi, si le lecteur veut bien s'asseoir avec moi sur le pont de notre cange, je lui raconterai ce qui nous était advenu un peu avant d'arriver à Menfalouh.

Nous étions tristement étendus sur nos divans, dans ces jours d'ennui et de découragement dont j'ai parlé plus haut, quand nous fûmes surpris de voir descendre, d'une montagne de rochers à pic, quatre ou cinq hommes entièrement nus : ils se précipitèrent dans le Nil, et vinrent nous joindre à la nage en criant : « Christiani ! Christiani ! » Ils nous montrèrent leurs bras, où était dessinée une croix en bleu par un mode de tatouage, et nous demandèrent l'aumône. C'étaient des Coptes, derniers vestiges de cette période chrétienne que traversa l'Égypte après la conquête de Rome. Quand l'empire romain se démembra, le christianisme commençait à se répandre. L'Égypte même s'était déjà donnée en grande partie à la nouvelle religion; mais elle ne la reconnaissait pas encore comme officielle. L'an 384 après Jésus-Christ, l'empereur Théodose régnait à Constantinople. C'est lui qui, par un édit, rendit obligatoires en Égypte, comme dans le reste de son empire, les pratiques de la religion chrétienne. Il ordonna la fermeture de tous les temples et la destruction de tous les dieux que la piété des Égyptiens vénérait encore. Quarante mille statues, dit-on, furent brisées d'après cet ordre, et les mutilations que l'on déplore aujourd'hui sur les sculptures des principaux temples proviennent, en bien plus grand nombre, de la fureur des catéchumènes de cette époque que de l'indiscrétion des voyageurs, si souvent accusés à ce sujet. « Quand les habitants de la vallée du Nil, écrit M. Mariette, abandonnèrent, pour la religion chrétienne, celle de leurs ancêtres, l'histoire ne les appelle plus des Égyptiens ; elle les nomme des Coptes. La période pendant laquelle la religion chrétienne fut la religion officielle de l'Égypte eut une courte durée : elle embrasse les deux cent cinquante-neuf ans compris entre l'année de l'édit de Théodose (381 après Jésus-Christ) et l'année de la conquête de l'Égypte par les lieutenants de Mahomet (640 ans après Jésus-Christ). Pendant cette période chrétienne, l'Égypte ne renonça pas à la langue qu'elle avait parlée pendant si longtemps ; mais elle abandonna les hiéroglyphes, dont les symboles lui rappelaient des idées païennes, et elle adopta pour écriture l'alphabet des Grecs tel qu'il était usité à cette époque à Alexandrie. La langue copte, comme on la connaît encore aujourd'hui, est donc dans un état plus ou moins parfait de conservation, l'ancienne langue égyptienne appliquée à des usages chrétiens, et écrite avec des lettres empruntées à un alphabet étranger. »

Les Coptes sont séparés de nous par l'hérésie d'Eutychès. Ce moine était sorti de sa retraite pour défendre la foi contre l'hérésie de Nestorius, qui prétendait qu'il y avait deux personnes en Jésus-Christ. Son emportement l'entraîna dans une erreur contraire, c'est qu'il n'y avait qu'une nature en Jésus-Christ, la nature divine, qui absorbait la nature humaine, comme la mer absorbe une goutte d'eau.

Les Coptes ont conservé la circoncision. Leur patriarche, qui réside au Caire, prend le nom de patriarche d'Alexandrie et de Jérusalem. Il nomme pour l'Abyssinie un vicaire général appelé Abuna.

Ce furent précisément les dissensions religieuses entre hérétiques et orthodoxes qui amenèrent Mahomet en Égypte. La honte en appartient à un Copte nommé Makaukas, qui appela à son secours Amrou, lieutenant de Mahomet, dans l'espérance, il est vrai, là est son excuse, de rendre à sa patrie son antique prépondérance.

CHAPITRE V

SIOUT. — LA DANSE D'ALMÉES.

Je prie maintenant le lecteur de me suivre dans une curieuse réception que nous offrit gracieusement le gouverneur de la ville de Siout, pour lequel nous avions une lettre du premier ministre du vice-roi.

Siout est peut-être la plus grande ville de la Haute-Égypte. Elle en était du reste autrefois l'unique capitale. Aujourd'hui la Haute-Égypte se divise en deux gouvernements : Siout et Kéneh, qui se subdivisent eux-mêmes en districts : Mellawé, Tartha, Sohag, Ghirghéh, pour le premier; Farchiout et Esneh, pour le second.

Bien que je donne à Siout le titre pompeux de grande ville, il ne faut pas se figurer plus qu'à Mynieh des habitations proprettes, des places, des monuments : Siout est un rassemblement assez nombreux de ces habitations en boue sèche dont j'ai parlé plus haut. Des rues étroites et tortueuses séparent ces habitations qui, par leur couleur absolument semblable à celle du sol, et à cause de la quantité de palmiers qui les entoure, ressemblent plutôt à un groupe de terriers dans quelque forêt. Ici le grand luxe est de posséder une maison en briques crues, au lieu de l'avoir simplement en terre, ce qui donne une apparence plus propre, sans rien modifier dans la couleur. Ajoutez maintenant un étage à quelques maisons, ce qui n'existe jamais dans les simples villages; ornez les ouvertures d'une espèce de grillage en bois qui permet de voir de l'intérieur sans être vu, et vous aurez une idée exacte de cette ville somptueuse.

Ce qui intéresse, ici comme ailleurs, c'est la population. La couleur sombre et terreuse des maisons fait ressortir les couleurs voyantes dont elle aime à se revêtir, surtout les jours de fête. Les turbans d'une blancheur éclatante, les kouffiehs en étoffes brillantes dont les hommes s'entourent la tête en laissant négligemment tomber les effilés sur leur visage; les robes à raies blanches et or, les ceintures rouges, se croisent dans ces rues sans pavés, sans trottoirs, où marchent au milieu des humains les énormes chameaux, dont les pieds flasques et mous ne produisent aucun son en se posant à terre. Ils passent graves et indifférents, regardant, du haut de leur long col, tous ces gens qu'ils ne daignent pas fixer, et portant sur l'extrême sommet de leur bosse le fellah de la campagne, plus dédaigneux encore.

Ayant reçu à déjeûner, le matin, le gouverneur de Siout, nous avions été invités à nous rendre le soir chez lui. Sur le conseil de notre drogman, nous lui fîmes dire que nous ne l'irions trouver qu'après dîner; des raisons graves (je ne sais où nous aurions pu les trouver), mais enfin des raisons graves nous obligeant à nous priver d'une partie de son offre gracieuse, malgré les regrets bien vifs que nous en éprouvions.

A huit heures et demie précises, une lueur assez vive sur la berge nous annonça l'arrivée des envoyés de M. le Gouverneur. Ils nous amenaient quatre magnifiques ânes blancs de la Mecque, pour nous conduire chez leur maître escortés d'une quantité de coureurs et d'avant-coureurs portant des falots et des torches. L'âne est un animal dont nous n'avons en Europe qu'une idée bien imparfaite. Ici, le plus petit, le plus chétif ne manque pas d'une certaine coquetterie, et même d'une fierté moqueuse, que l'on s'explique par sa force étonnante, par sa fougue indomptée, et par les victoires qu'il remporte souvent sur son cavalier. Cette fois l'erreur est impossible; nous avons affaire à des bêtes énormes, presque aussi hautes que les chevaux des Pyrénées, avec lesquels du reste elles pourraient rivaliser d'allure. C'était la première fois de ma vie que j'allais au bal à âne; mais, je dois le dire, c'était la première fois que je m'y rendais avec un aussi brillant cortége. La nuit était très-noire, et nos falots ne pâlissaient devant aucun rayon de la lune. Les grands acacias sous lesquels nous passions étaient illuminés par eux tour à tour. Les costumes gracieux de nos coureurs aux jambes nues, aux vestons dorés, aux manches flottantes d'étoffe légère, resplendissaient devant nous; tandis que les ombres des grandes oreilles de nos ânes qui se reflétaient à terre et sur les arbres, donnaient à la scène un fantastique grotesque qui nous égayait beaucoup. A notre entrée dans la ville (car Siout est à quelque distance du fleuve), tous les passants, avertis par les esclaves, se rangèrent à droite et à gauche. Nous trottions au milieu de deux haies de curieux qui, en nous dévorant des yeux, pouvaient constater, je vous l'assure, que nous agissions de même à leur égard. Nous trouvons à la porte de sa demeure l'aimable fonctionnaire que nous avions reçu le matin. Il nous fait les compliments d'usage et nous introduit dans une grande salle où se trouvait déjà une quantité considérable de ses administrés. Cette salle était fort simple et fort simplement meublée, car ce n'est pas dans l'ornementation des immeubles que le luxe se déploie en Orient. Les murs étaient blanchis à la chaux, et un divan revêtu de tapis de Perse ou de Constantinople, qui courait tout autour de la salle, formait tout le mobilier. Nous prîmes place, le gouverneur s'assit à notre droite, et le drogman se posa près de nous en sentinelle pour traduire nos pensées.

Une chose nous frappa d'abord : l'absence de toute femme. Pour nous, Européens, habitués au mélange constant des deux sexes ; qui cherchons la femme comme conseil et comme appui, qui aimons à jouir de son charme et de sa conversation, cet exil de l'épouse est chose incompréhensible. Peu après entra la bande de musiciens et d'almées qui devaient faire les frais de la soirée et en recueillir les honneurs. Quels flots d'encre eût répandus M. Alexandre Dumas fils, ce régénérateur moderne, cet avocat des femmes, qui ne réussirait qu'à les abaisser en gagnant sa cause, s'il avait aperçu la femme des rues s'étalant et s'amusant à son aise dans le salon de la femme de foyer reléguée au premier étage! Un tel abus n'existe pas là où l'épouse s'impose par la force de son droit et la protection de la loi. Le divorce, tant prôné par M. Dumas, favoriserait déjà le sexe fort, en conférant à l'homme le droit de chasser légalement sa femme du foyer conjugal pour y placer l'almée. Or, de l'amoindrissement de la femme par le divorce à son anéantissement par le harem, je ne vois qu'un pas.

Notre hôte paraissait intelligent, ses traits étaient réguliers, ses manières distinguées. Dès que nous fûmes assis, il nous fit apporter le café et la chibouque traditionnels. C'est dans ces détails que les maîtres de maison étalent leurs richesses et placent leur amour-propre. Chacune de nos pipes était terminée par un bout d'ambre tellement énorme que nous ne pouvions pas le tenir en entier dans la main; et chaque étranglement de ce magnifique morceau était entouré d'un anneau de diamants taillés en brillants, et quelquefois très-gros. Dès qu'une pipe était terminée, on nous en apportait immédiatement une autre : ainsi passa devant nos yeux la valeur d'un capital certainement assez rond, placé dans un arsenal de pipes. Le café était servi dans de petites tasses en porcelaine très-fine, contenues dans de jolis coquetiers en argent ou en or, aussi d'un grand prix. Pendant la soirée, nous vîmes défiler un caléidoscope de rafraîchissements qui se succédaient rapidement, de toutes les couleurs, à toutes les températures, et dans un ordre, hélas! peu hygiénique pour des estomacs européens.

Parmi les invités, qui étaient en grand nombre, se trouvaient principalement les gros marchands de l'endroit et les fonctionnaires. Ces derniers paraissaient fort mal à l'aise dans leur habillement à la mode européenne, qu'un édit du vice-roi vient de les contraindre à endosser. Je ne croyais pas que l'homme s'identifiât tellement à son costume, qu'il ne pût indifféremment en adopter un autre. Notre manière de nous vêtir donnait à ceux-ci une allure assez gauche pour nous rappeler un peu les embarras des chiens savants. Quelques - uns conservant, malgré leur redingote, les habitudes arabes, avaient ôté leurs souliers et gardé leur chapeau, ce qui nous faisait sourire, tandis que nous trouvions tout naturel qu'un Turc, en habits turcs, déposât ses babouches et conservât le turban. Chaque climat impose un costume, et chaque costume entraîne des habitudes. En voulant forcer cette loi, le vice-roi s'est égaré. Puisse-t-il n'avoir commis que cette erreur! Elle serait plus facilement réparable que ne le seront les malheurs de l'Égypte, si, comme je le disais en commençant, ce prince s'est abusé sur les ressources du pays qu'il gouverne, et si ses prévisions sont fausses.

Je n'avais pas fini de dévisager tous les invités, lorsque la séance commença. Une musique, il faudrait plutôt dire un vacarme infernal se fit entendre : les artistes tapaient sur quelques instruments, en râclaient d'autres, avec un air de béatitude qui montrait à quel point ils étaient éloignés de croire qu'ils nous écorchaient les oreilles. C'était un bruit à effrayer les loups et qui allait toujours en augmentant. Plus les sons devenaient bruyants, plus leur plaisir semblait s'accroître. C'était un *crescendo* sans fin, dont la première mesure aurait déjà passé pour un *forte* sans rival, même dans les morceaux les plus déchaînés de Wagner. Puis, comme si on eût eu besoin de plus de vacarme encore, les almées se mirent à chanter, ou plutôt à beugler. Aucun timbre de barrière ou de casino borgne ne peut donner l'idée des cris que poussaient ces créatures destinées à charmer la soirée. Alors la jouissance devint enivrement, et le système nerveux atteignit l'apogée de ses délices. On ne pouvait plus s'entendre, et les musiciens eux-mêmes ne s'écoutaient plus les uns les autres. C'était un brouhaha de notes fausses, de cris aigus, de roulements de tambours, auquel venaient encore s'ajouter le trépignement bruyant et les excitations des spectateurs. J'avoue que cette frénésie ne tarda pas à me gagner. Je sentis en moi toute une révolution, où je reconnaissais tour à tour l'agacement, la colère et le vertige. J'allais crier, moi aussi, ou plutôt asséner un vigoureux coup de poing sur mon voisin de droite, quand le bruit cessa tout à coup. Il était temps. — Le drogman nous enseigna que cette scène cherchait à représenter la douleur d'une femme séparée de son mari, et que nous allions ensuite être témoins d'une danse peignant la joie qu'elle éprouvait à son retour. Une des almées se leva : elle était vêtue d'une étoffe de couleur voyante, très-adhérente au corps depuis les hanches jusqu'aux épaules. Cette coupe de vêtement est affreuse, surtout quand la femme est loin d'être une Vénus, et c'est ce qui avait lieu dans le cas présent. La seule particularité élégante de son costume était un réseau de pièces d'or qui recouvrait complétement ses cheveux. Nous avons évalué qu'il pouvait avoir une valeur de 10 à 15,000 francs. Ces pièces, attachées les unes à la suite des autres, retombaient même sur les épaules et sur la gorge. Il est à regretter que la femme et le reste du costume n'aient pas été en harmonie avec un ornement aussi somptueux.

Le silence qui régnait depuis que l'almée s'était levée avait calmé mes nerfs et préservé mon voisin du sort qui l'avait menacé. Quand la musique recommença, ce fut avec des sons plus doux, de telle sorte qu'il me fut possible d'examiner cette danse de sang-froid. Mon opinion est qu'elle est disgracieuse, et souvent choquante. Vous vous souvenez, cher lecteur, avoir vu des pianistes ayant à exécuter des octaves arpégés, agiter si rapidement leur main, que le pouce et le petit doigt disparaissaient au regard? Le suprême talent pour une almée est de faire trembler ses deux hanches avec la même vélocité, tandis que le tronc demeure immobile. Voilà en quoi consiste la danse : ajoutez quelques pas insignifiants, quelques contorsions auxquelles les Arabes n'attachent nulle importance, et vous vous rendrez un compte exact de ce qui est regardé par ces malheureuses femmes comme un art incomparable, art auquel on les exerce dès le bas âge, souvent au préjudice de leur santé et même de leur vie.

Après la danse, la musique recommença comme précédemment; puis une autre danse suivit la musique, et ainsi de suite, pendant que les rafraîchissements se succédaient sans interruption. Dans l'impossibilité où nous étions d'absorber une telle quantité de liquide, nous ne faisions que tremper nos lèvres dans les tasses, que vidaient ensuite avec enthousiasme les invités du gouverneur.

Nous donnâmes, vers deux heures du matin, le signal du départ. Notre hôte avait été aimable jusqu'à la fin : nous le remerciâmes cordialement; en tout pays et dans toutes les langues, l'aménité séduit; elle n'est malheureusement pas universelle; aussi, quand on la rencontre, inspire-t-elle toujours de la reconnaissance! Nous revînmes à la cange sur les mêmes ânes blancs, entourés du même brillant cortége. Les routes étaient désertes; mais le silence sied bien à la nuit pour s'épanouir dans toute sa mystérieuse beauté.

Une fois arrivé sur le bateau, je me couchai

quelque temps sur le pont, à la clarté des étoiles; je pensai que tous ceux que j'aimais en France, étaient endormis à cette heure; je priai Dieu que leur sommeil ne fût pas troublé par la visite mentale que je leur fis. Du reste, je la prolongeai peu. Mais ce quart d'heure de rêverie valut bien les cinq heures que je venais de passer, et, quand je m'endormis, mon esprit voguait encore dans ces délicieuses régions où mon cœur le mène si souvent et voudrait longtemps le retenir.

CHAPITRE VI

LES TEMPLES D'ABYDOS. — (LE KHAMSIN.)

Un soir, le drogman nous avertit que les matelots comptaient s'arrêter le lendemain à Ghirgheh pour renouveler leur provision de pain. Bien que ce soit de Bellianeh que l'on aille ordinairement visiter les temples d'Abydos, nous décidons, pour gagner un jour, de nous y rendre de Ghirgheh. Pendant cette visite, le pain devait se cuire, le bon vent devait souffler, et la cange devait aller nous attendre à Bellianeh. Merveilleux arrangement, mais dont on verra plus tard l'insuccès !

Nous partîmes dès le matin ; nos montures étaient de vigoureuses petites bourriques ; mais nous regrettâmes celles de la veille! Comme on se fait aux grandeurs ! Elles nous portèrent cependant de Ghirgheh à Abydos en moins de trois heures, ce qui prouve leur force et leur courage. Le grand temple d'Abydos a été nouvellement déblayé par ordre du vice-roi, de telle sorte que peu de voyageurs jusqu'à présent ont pu en faire une description complète. Son état incroyable de conservation est peut-être dû à son long enfouissement ; si cela est, ne regrettons pas trop la négligence des prédécesseurs du khédive. Nous contemplons enfin, en pénétrant dans ce temple, ce que nous cherchons depuis notre départ du Caire : l'ancien style égyptien dans toute sa splendeur. C'est l'œuvre de Séti Ier, et on possède peu de monuments de cette importance antérieurs à ce règne. Les colonnes ont des chapiteaux qui représentent la fleur de lotus fermée. A partir de là, leur diamètre va s'enflant de plus en plus, jusqu'à un étranglement subit qui précède leur base (fig. 1). Ces colonnes étaient critiquées avec chaleur par un de mes compagnons, qui les trouvaient disgracieuses et lourdes. Je ne partage pas sa manière de voir. Je pense que, dans tous les styles d'architecture, il faut se rendre compte du mode de construction, du but et de la signification qu'on a voulu donner au monument. Par exemple, le plein cintre et l'ogive ne se nuisent en rien l'un à l'autre, pas plus que les *adagio*, en musique, ne peuvent nuire aux *scherzo*. Chaque forme traduit une idée différente. L'ogive et le style gothique en général représentent l'élan de la créature vers le ciel, l'ascension des prières et des sacrifices vers l'Être divin. Le style roman, au contraire, rappelle la base inébranlable, la pierre angulaire sur laquelle la religion est assise, et la solidité de son institution. De même que le plein cintre demande une colonne massive, de même l'ogive, qui semble plutôt devoir être retenue que supportée, exige des colonnes fluettes et élancées. Un dessin, un mode de construction dans une des parties d'un monument entraîne des dessins et des modes correspondants dans les autres parties.

Or, il est facile de remarquer que les Égyptiens ne se doutaient en aucune manière de ce qu'est l'agencement des pierres entre elles. On voit à Abydos même que les voûtes sont faites d'un seul bloc, et que chacune des pierres qui forment le plafond repose à ses extrémités sur des colonnes; celles-ci sont par conséquent très-multipliées : presque toujours même elles interceptent la vue d'ensemble d'une façon choquante. Il découle de cette explication que les nefs ne peuvent jamais atteindre la largeur de celles que l'on voit en Europe. Encore cette largeur restreinte nécessite-t-elle la suspension de monolithes énormes, sous le poids desquels faibliraient bientôt les colonnes du temple, si elles n'étaient extrêmement puissantes. Or leur forme représente précisément, à mon avis, la force qui lutte, mais qui faiblit un peu sous le poids qu'elle porte; leur diamètre énorme, leur ampleur progressant du sommet à la base, voilà qui exprime la force; mais cet étranglement subit et cette boursouflure qui le précède seraient l'ouvrage d'un poids constant qui les obligerait à céder. Je crois avoir ainsi compris le but de l'architecte. Une toiture de ce genre entraînait un pareil soutien : je les trouve en parfaite harmonie l'un avec l'autre.

Quant à la fleur de lotus qui forme le chapiteau, on sait quelle signification les Égyptiens y attachaient : c'était pour eux un des attributs du soleil, parce que cette fleur se montre sur l'eau au lever de cet astre et disparaît avec lui. Les monuments plus modernes ont des colonnes à fleurs de lotus ouvertes; tous ceux de cette époque, et même de quelques règnes suivants ont une fleur de lotus fermée.

Les temples égyptiens ne recevaient qu'une

très-faible lumière par de petites ouvertures, à l'époque où le temps n'avait pas encore pratiqué de larges trouées dans la toiture. L'obscurité presque complète qui en résultait devait accroître l'effet grandiose de ces colonnes et de ce majestueux intérieur.

Le temple d'Abydos se compose de sept nefs ou travées, aboutissant à sept sanctuaires, comme s'il était dédié à sept dieux.

L'aile méridionale, irrégulièrement adaptée à l'édifice principal, présente dans ses hiéroglyphes les figures de Séti et de Ramsès à côté l'une de l'autre. On pense, d'après cette peinture, que les deux rois ont régné ensemble et que le temple était en voie de construction quand le père associa son fils au trône. Ce monument était dédié à Osiris. Il était défendu d'y danser et d'y jouer de la flûte, contrairement à ce qui se pratiquait dans les autres cultes. Dans les chambres latérales, les peintures sont si fraîches encore qu'on les dirait faites de la veille. Elles représentent presque toujours des offrandes faites aux dieux par le roi, quelquefois accompagné de son fils Ramsès. Nous y avons remarqué quelques charmantes têtes de femme dont Gérôme a dû s'inspirer pour peindre sa Cléopâtre. De grands yeux, un nez peu saillant sans être aplati, des lèvres presque grosses et un menton fin et arrondi, donnent à ces physionomies une beauté un peu dépravée il est vrai, mais qui s'harmonise très-bien avec l'idée qu'on se forme des femmes de ce temps et de cette latitude.

La partie gauche du temple est moins intéressante : elle est moins bien conservée que les autres, quoique plus récente. Le couloir montant, au sud de la deuxième salle hypostyle, est recouvert d'une voûte massive dont j'ai déjà parlé. Une table de rois, sculptée sur ses murs, est, paraît-il, plus complète et mieux conservée que celle dont s'est enrichi le musée de Londres. Séti roi, et Ramsès, y sont représentés debout, l'un faisant l'offrande du feu, l'autre récitant l'hymne sacrée. Devant eux sont rangés, comme dans une sorte de tableau synoptique, les cartouches de leurs soixante-seize prédécesseurs. Le premier cartouche est celui de Ménès, l'antique et vénérable fondateur de la monarchie égyptienne.

Dès que l'on s'est rendu compte de l'époque de la construction et des deux ou trois particularités que ce temple peut offrir à la curiosité du voyageur, le grand charme est d'y errer au hasard, de se représenter les scènes qui ont pu s'y passer, et d'admirer, çà et là, les fragments d'hiéroglyphes qui offrent parfois un certain intérêt artistique.

L'heure avançait ; la course avait été longue : le drogman nous prépara le repas, et nous ne nous fîmes pas prier pour nous mettre à table. Quand je dis à table, je me trompe, car le couvert fut simplement mis à terre, sur les dalles foulées autrefois par les prêtres d'Osiris et le grand Ramsès lui-même. Le drogman ne nous servit pas ce jour-là des mets en trop grande abondance, et pourtant je pensai immédiatement, je ne sais pourquoi, au festin de Balthazar. Ce fut probablement le style de la salle qui me rappela certaines gravures où j'avais peut-être vu représenté le fameux repas, au milieu de colonnes semblables à celles que j'avais sous les yeux. Si ma conscience avait été troublée, mon imagination était certes assez exaltée pour me faire voir, dans un coin resté obscur du monument, les mots célèbres tracés en lettres flamboyantes. Malgré ces hallucinations, l'appétit ne me fit pas défaut. Deux enfants se mirent à jouer à la canne près de nous, avec une grâce si charmante qu'ils fixèrent immédiatement notre attention. L'un était presque un nègre ; ses traits rappelaient ceux des figures peintes que nous avions admirées avant le repas ; l'autre était purement un fellah. Nous promîmes une récompense à celui qui toucherait le plus souvent son adversaire : ce fut l'Arabe qui l'emporta sur le noir; c'était le droit de sa race.

Après le repas, nous eussions voulu rester encore ; mais l'obligation de toujours partir est une des dures nécessités du voyage; nous avions encore plusieurs choses à visiter ; la route était longue pour revenir à la cange; nous n'avions pas de temps à perdre. Merci, grand Séti, de l'hospitalité que tu nous as donnée dans ton temple; plions bagages, et adieu.

Nous nous dirigeâmes vers le temple de Ramsès II, très-voisin du précédent. Il n'en reste que les murs, jusqu'à une hauteur de deux mètres environ : c'est à peine si les fouilles qui y ont été faites ont permis d'en reconstruire le plan. C'est de ce temple qu'a été enlevée la table royale de Londres, copie mutilée de celle que renferme dans son intégrité le temple de Séti. Ce monument, dit M. Mariette, est contemporain de l'obélisque de Paris, c'est-à-dire que, commencé par Ramsès II alors qu'il n'était encore qu'associé au trône, du vivant de son père Séti, il a été achevé par Ramsès II régnant seul.

Toujours en montant vers le nord, on trouve une enceinte assez vaste en briques crues : c'est là que fut Thémis, le berceau de la monarchie égyptienne; c'est là aussi que fut le tombeau de l'Osiris d'Abydos, qui était pour les habitants de l'Égypte ce que le Saint-Sépulcre est pour les chrétiens. Malheureusement, du sanctuaire le plus ancien et le plus vénéré de l'Égypte, il ne reste absolument rien.

Près de là est un *tumulus,* sur lequel les savants ont le droit de fonder les plus belles espérances. Ce *tumulus* n'est pas naturel; il provient de l'amoncellement successif des tombes qui d'âge en âge se sont superposées en ce lieu; car, au dire de Plutarque, les Égyptiens riches sont venus pendant très-longtemps de toutes les parties de l'Égypte se faire enterrer à Abydos, pour reposer près d'Osiris.

Déjà depuis quelque temps nous errions au hasard dans cette vieille nécropole où les bandelettes et les ossements se mêlaient aux poteries brisées et aux détritus que l'on trouve toujours en si grand nombre sur l'emplacement des anciennes cités égyptiennes, lorsqu'un de mes compagnons s'écria : « Une trouvaille! accourez! » Je partageai son enthousiasme, en voyant à terre deux momies humaines parfaitement conservées et dépouillées de leurs enveloppes. L'idée nous vint qu'elles devaient contenir quelques bijoux, car leur peau était dorée, et les riches personnages seuls se donnaient un tel luxe après leur mort. Nos recherches à l'entour furent absolument infructueuses; mais, sachant que les anciens Égyptiens cachaient quelquefois les objets précieux à l'intérieur des corps, nous nous décidâmes à sonder nos momies. Coups de pied, coups de poing, coups de canne, qui dans l'estomac, qui sur la tête, qui sur le ventre : en peu d'instants nos sujets étaient ouverts. Pauvres gens, passés à l'état de bibelots, que nous ouvrions, comme la poule de Lafontaine, pour y trouver un trésor! Cet acte, auquel nous eussions si fort répugné dans d'autres circonstances, et qui, chez nous, mériterait les galères, nous semblait licite à l'égard de cette vieille génération égyptienne. Il y a prescription, paraît-il. En tout cas, notre conscience ne fut nullement troublée; car nous laissâmes ces malheureux les membres épars et jetés çà et là, après nous être assurés qu'ils ne contenaient rien de précieux.

Notre visite à Abydos était terminée. Il était une heure de l'après-midi; la chaleur était presque insupportable; mais il nous fallut partir sans attendre la fraîcheur, car notre rendez-vous à Bellianeh n'était pas assez sûr. Nous enfourchâmes nos ânes.

Le vent soufflait du sud avec une violence extrême. Ses chaudes bouffées nous brûlaient la figure avec une plus grande intensité certainement que le soleil, qui pourtant ce jour-là s'acquittait bien de son devoir. Une poussière pénétrante et imperceptible, soulevée dans le désert par ce vent, entrait dans nos yeux et obstruait nos voies respiratoires. Ce n'était pas le simoun, l'affreux tourbillon qui transporte des trombes de sable et que j'aurai occasion de décrire dans la suite ; mais c'était le khamsin, vent chaud et amolissant, poussiéreux et desséchant, qui cause un vrai malaise, surtout quand on s'y trouve exposé en rase campagne. Pour supporter de telles incommodités, il faut parvenir à se persuader que les satisfactions des voyages en compensent largement les souffrances, il faut se battre les flancs pour se faire croire à son bonheur, et songer à tous ceux qui envient à ce moment-là votre sort de touriste. A force de raisonnements, d'excitations factices, on oublie le khamsin et ses inconvénients ; et on continue sa route en chantant, comme si l'on côtoyait une rivière dans l'un des plus verts et des plus frais vallons de Normandie.

Nous arrivâmes à Bellianeh vers quatre heures du soir. Nous avions craint, après un vent pareil, de ne pas trouver la cange au rendez-vous ; mais l'on veut toujours douter d'un contre-temps, et nous éprouvâmes encore un désappointement à notre arrivée dans cette ville, quand nos appréhensions se réalisèrent. Le gouverneur fut aussi courtois que possible. Il envoya chercher une barque de pêcheur pour nous ramener à la cange en descendant le fleuve.

Il nous offrit aussi le café, suivant l'immuable habitude des Turcs. Malheureusement nous dûmes lui paraître bien impolis ; car notre drogman, toujours occupé de la question pratique, était allé lui-même surveiller l'envoyé du gouverneur, et nous avait abandonnés à notre malheureux sort. Nous ne pûmes donc échanger aucune parole avec notre hôte, qui nous vit avaler son café avec empressement, mais qui n'entendit ensuite aucun remercîment. Quel terrible fléau que cette diversité des langues ! Que de duperies, que de jugements faux ou au moins téméraires elle a enfantés ! Le gouverneur était peut-être fort policé ; nous n'en sûmes rien ; et de son côté il dut douter de notre courtoisie, bien que nous fussions animés des meilleurs sentiments à son égard. Enfin la petite embarcation arriva : nous y prîmes place. Poussés par le vent et le courant, nous filions avec une rapidité vertigineuse.

Ces quelques pas que nous faisions vers la France eurent pour moi un bien grand charme ; c'était comme une consolation de ce que nous avions souffert dans le jour. Je crois que l'amour de la patrie est de tous le plus vif. Certes, je ne songeais nullement à terminer là mon voyage ; et cependant peut-être me fussé-je facilement résigné, si quelque barrière insurmontable eût arrêté là notre marche.

L'équipage, sans chef, avait mollement travaillé : non-seulement la cange n'était pas venue au-devant de nous, mais, quand nous la trouvâmes à Ghirgheh, le pain était à peine cuit. Le drogman entra dans une grande fureur ; il fit administrer la bastonnade au capitaine, qu'il eût bien plus sensiblement châtié en lui interdisant l'accès de la cuisine pendant quelques jours. L'ancre ne fut pourtant pas levée, car la nuit tombait et les matelots avaient droit au sommeil.

CHAPITRE VII

KHÉNEH. — LES TEMPLES DE DENDÉRAH. — CÉRÉMONIES DU CULTE ÉGYPTIEN. — DEUX CHASSES.

Le lendemain à notre réveil, nous étions déjà loin de Ghirgheh : le bon vent s'était levé dans la nuit; le pilote, contre son habitude, ne nous avait pas ensablés; je crains que le mérite n'en revienne qu'au hasard. Nous étions vis-à-vis Hâu, dans une région renommée pour ses crocodiles. Nous pûmes constater que cette réputation n'est pas complétement usurpée.

Vers dix heures du matin, un de mes amis signala sur le bord du fleuve un tronc de bois sec. Comme la chose est peu commune, elle éveilla notre curiosité, et à l'aide de nos lorgnettes nous reconnûmes que cette épave était un crocodile de respectable grosseur. A cette nouvelle, les matelots, comme s'ils eussent été commandés (encore qu'il leur arrivât d'agir moins promptement sur les ordres de leur chef), carguèrent la voile en un clin d'œil, et nous abordèrent au rivage 2 ou 300 mètres environ plus haut que l'animal. L'émotion était générale, le silence absolu; mais aussi le désordre complet. C'était la première fois que nous chassions ensemble, et chacun voulait commander. Nous faisons un énorme détour, pour approcher la bête par derrière, traversant des champs de blé mûr et des hectares de coton. Arrivés en vue de l'animal, nous échangeons un sourire de satisfaction. J'épaule. « Pas maintenant; quand nous serons plus près! » me conseille à voix basse un de mes voisins, visiblement ému. Nous avançons. Un autre vise à son tour; même admonestation; puis, discussion, qui devient de plus en plus vive; on parle à voix haute; le crocodile entend et s'enfuit; quatre coups retentissent, mais en vain; et nous comprenons une fois de plus ce que peuvent, ou plutôt ce que ne peuvent pas faire les armées en désordre. Il faut avouer, sans faux orgueil, que nous avons avantageusement rappelé la garde nationale dans cette expédition-là.

Le bon vent nous mena jusqu'à Khéneh, une des plus grandes villes de la Haute-Égypte, où se fabriquent les vases poreux dont on se sert dans les environs pour rafraîchir l'eau, comme des *alcarazas* en Espagne. Nous chargeâmes le drogman d'en faire une ample provision ; car ce n'était pas l'une de nos moindres souffrances que le manque d'eau assez fraîche pour apaiser notre soif. Nous fîmes un tour dans la ville, qui ressemble à toutes les autres, bien qu'elle nous ait paru posséder quelques maisons blanches, presque à l'européenne ; et nous nous dirigeâmes vers le temple de Dendérah.

Quelques huttes en construction dans un petit village que l'on traverse pour se rendre à ce temple, nous mirent à même de remarquer une curieuse et intelligente habitude de ce pays. Les poteries dont j'ai parlé tout à l'heure se fabriquent en si grand nombre et à si bon marché que les habitants en remplissent les murs de leurs maisons. Le vide qui en résulte, la qualité poreuse de la poterie, entretiennent dans leurs habitations une fraîcheur certainement inconnue aux autres riverains du Nil. Félicitons ceux-ci de posséder une terre qui se prête à une telle industrie, félicitons-les surtout d'avoir su en profiter.

Du reste, tout le pays de Khéneh paraît jouir d'une aisance à nulle autre pareille, (sans sortir d'Égypte, bien entendu). Les rues de la ville sont larges, les bazars bien abrités, quelques maisons sont peintes, et, si je ne craignais d'ennuyer le lecteur par le récit d'une autre soirée de danseuses à laquelle nous avons assisté dans cette ville, je lui dirais que le salon où nous avons été reçus était tendu de papier de Paris, que les divans étaient remplacés par des fauteuils et des canapés parisiens, et qu'au milieu du plafond, vraiment italien par son élévation et sa forme, était suspendu un lustre en très-belle verroterie anglaise.

Après une demi-heure de marche, nous arrivâmes devant le magnifique portique du temple de Dendérah. Il fut commencé sous Ptolémée XIII, fini comme construction sous Tibère, et comme décoration sous Néron. Jésus-Christ vivait à Jérusalem pendant qu'on achevait de le bâtir. L'époque de sa dédicace se déduit d'une manière certaine de l'inscription grecque gravée sur le listel de la corniche, à la façade du portique, inscription qui porte le nom de l'empereur Tibère. C'est M. Letrône qui a prouvé, en 1821, que cette inscription n'indiquait pas une consécration nouvelle du temple par les empereurs romains, mais bien la dédicace même du monument.

Il est élevé en l'honneur de la déesse Hathôr, que l'on représente généralement sous la forme d'une vache. Les Grecs l'ont assimilée à Vénus. On ne sait trop quelle était sa parenté dans le ciel égyptien. Quelques-uns pensent qu'elle était, par rapport au dieu Ra, ce que Maut était au dieu Ammon, c'est-à-dire le mari de sa mère. Le rôle d'Hathôr, principalement sous sa forme de vache, était de protéger les morts. Quand le défunt était apporté à sa dernière demeure, c'était Hathôr qui le recevait à la porte de l'hypogée; c'était elle qui le menait à Osiris, sous la conduite duquel il allait commencer cette série d'épreuves dont j'aurai occasion de parler plus tard, et qui se terminera, soit par le néant, soit par la participation à la lumière éternelle.

On ne peut s'empêcher d'être frappé de la profusion de textes, de tableaux, de bas-reliefs dont ce temple est couvert. Il s'en trouve sur les plafonds, sur les portes, sur les fenêtres, sur les soubassements, sur les parois des escaliers, et jusque dans les cryptes.

Le portique peut compter parmi les plus belles créations de l'art égyptien. Que le lecteur se figure une grande salle dont la coupe aurait la forme d'un trapèze, ce qui lui donne une apparence d'indestructible solidité. Le plafond de cette salle, haute de 18 mètres, est soutenu par dix-huit colonnes dont les chapiteaux carrés représentent les quatre têtes d'Hathôr, qui fixent sur vous leurs grands yeux immobiles. Une seule chose est à regretter, c'est l'uniformité des sculptures qui ornent les murs de ce premier vestibule.

Le touriste peut se rendre compte à Dendérah de l'obscurité qui régnait dans les monuments d'Égypte : le jour n'y pénètre que par de petites ouvertures, véritables meurtrières, qui, sans doute, servaient plutôt à l'aération qu'à l'éclairage.

Parmi les bas-reliefs, un des plus intéressants représente le dieu Thoth, assis sur un trône, en face d'Isis et d'Horus : le dieu tient dans sa main le sceptre des panégyries, et indique du doigt la seizième dentelure. Chaque dentelure représentait une année de la période de trente ans dont le sceptre des panégyries était l'emblème. Souvent, dans les bas-reliefs égyptiens, on voit le roi portant le sceptre des panégyries, terminé à son extrémité inférieure par une grenouille, signe de centaines de mille. Ce que les rois demandaient aux dieux par cette dernière offrande était un nombre infini d'années dans la vie éternelle. Un second bas-relief représente la déesse Tpé avec un serpent dans la coiffure. L'aspic ne vieillit pas, dit Plutarque, et, quoique privé des organes du mouvement, il se meut avec la plus grande facilité. Les Égyptiens ont trouvé là un emblème naturel de l'éternelle jeunesse. Ils ont donné quelquefois aussi cette coiffure aux Pharaons, comparés au Soleil, qui ne s'use pas dans sa course éternelle et qui éclaire et réchauffe, comme s'il était toujours jeune.

Mais ce qu'il y a surtout de remarquable, ce sont les sculptures à l'intérieur des cryptes. Bien que tous les savants les regardent comme appartenant à une époque de décadence, je dois dire que ces sculptures sont, non-seulement ce que j'ai vu de plus gracieux comme dessin en Égypte, mais que je les trouverais dignes de remarque, même dans les pays où les arts ont atteint leur suprême développement, la Grèce et l'Italie. Je veux bien abandonner le corps, toujours raide et disgracieux; mais je loue hautement certaines têtes de femmes, certaines coiffures artistiques et légères, quoique bizarres et volumineuses.

Sur la face extérieure du mur d'enceinte, j'ai remarqué deux têtes, l'une de Cléopâtre, l'autre de son fils Ptolémée Césarion, où j'ai constaté quelques tentatives de modelage déjà remarquées dans les bas-reliefs des cryptes. C'est à Dendérah seulement que l'on a cherché a reproduire les saillies et les rentrées dans les traits du visage.

Après avoir remarqué tous ces détails, revenons à l'intérieur, pour nous rendre compte du plan général de l'édifice, et chercher à quel usage chaque salle était destinée.

La première est un vestibule qui sépare le temple proprement dit de la lumière et des bruits du dehors. On y accède par trois portes : les deux latérales servaient au passage des prêtres et des offrandes : le roi seul avait droit de franchir la grande porte centrale. A droite et à gauche de celle-ci, des bas-reliefs représentent la cérémonie qui avait lieu à l'arrivée du monarque. Le roi est reçu par Thoth et Horus, qui lui versent sur la tête la liqueur de purification. Puis les déesses Ouati et Souvan le coiffent d'une double couronne, symbole de sa puissance sur la Haute et sur la Basse Égypte. Les dieux Month et Toun le conduisent ensuite vers la déesse Hathôr. Le roi est vêtu d'une longue robe, chaussé de sandales, et tient en main le bâton de la marche.

C'est de la salle suivante que partaient les processions; elle est entourée de petites chambres où l'on préparait les offrandes destinées à figurer dans les fêtes, et où l'on déposait les emblèmes réservés pour les cérémonies. Dans l'une étaient conservées les barques, qui renfermaient d'ordinaire, dans un édicule placé au centre, l'image de la divinité ; ces barques étaient des représentations des bateaux thalaméges que décrit Strabon, et aussi le symbole des cérémonies décrites par Diodore, qui consistaient à transporter chaque année la châsse de Jupiter-Ammon aux rives de l'Éthiopie, d'où elle était rapportée quelques jours après : dans les processions, ces barques figuratives étaient ajustées sur des barres de bois. Dans une autre de ces chambres latérales, on préparait les huiles et les parfums pour purifier les temples et les statues des dieux. Dans une troisième, on conservait le trésor : aussi les tableaux de cette chambre représentent-ils le roi offrant à la divinité des sistres, des pectoraux, des miroirs, des ustensiles de toutes sortes, travaillés en or, en argent, en lapis. Les autres chambres servaient à emmagasiner les dons en nature qui affluaient de la Haute et de la Basse-Égypte.

A la suite des deux premières salles, se trouve le sanctuaire où le roi seul pouvait pénétrer. On y cachait à tous les yeux l'emblème mystérieux du temple, un grand sistre d'or. Ce sanctuaire est aussi entouré de chambres latérales, où l'on vénérait les dieux et les déesses appartenant au même rit que la divinité principale adorée dans le temple.

Les cérémonies consistaient surtout en processions. « En tête, dit Clément d'Alexandrie, marche le chantre, portant un des symboles de la musique. Après lui vient l'horoscope, qui tient dans sa main l'horloge et la branche de palmier, emblèmes de l'astrologie. Puis, le scribe sacré, suivi du stoliste, qui porte dans ses mains la coudée de justice et la coupe pour les libations. Après tous les autres, s'avance le roi, cachant dans les plis de sa robe l'urne sacrée. Derrière lui sont ceux qui portent les pains et les offrandes. »

Le dogme principal de la religion égyptienne était la lutte entre Osiris, le dieu du bien, et Typhon, le dieu du mal. Osiris, une première fois vaincu et tué par son adversaire, fut retrouvé par celle qui était à la fois sa femme et sa mère, la déesse Isis. Il ressuscita et enflamma son fils Horus du désir de le venger. Nous verrons plus tard l'histoire de cette seconde lutte.

De ce dogme découlaient les principales fêtes que les Égyptiens célébraient dans l'année. La plus solennelle, appelée la fête des lamentations d'Isis ou de la mort d'Osiris, commençait le 17 d'athir ou le 13 novembre ; au rapport de Plutarque, c'était une fête de deuil et de larmes. Puis on célébrait, vers le solstice d'hiver, la recherche d'Osiris; puis, vers le 2 janvier, l'arrivée d'Isis de la Phénicie où elle avait poussé ses recherches; peu de jours après, la fête d'Osiris retrouvé; toute l'Égypte unissait ses cris d'allégresse à la joie d'Isis. On célébrait aussi la fête de la sépulture d'Osiris, celle de sa résurrection, celle de la grossesse d'Isis, et enfin celle de la naissance d'Horus. Il y avait aussi beaucoup d'autres fêtes secondaires et locales. Pendant l'une d'elles, qui commençait l'année, les processions de Dendérah s'acheminaient vers un petit temple construit sur les terrasses du grand, et soutenu par douze colonnes, image des douze mois de l'année.

Des corridors secrets, étroits et longs, étaient ménagés dans l'épaisseur des murailles du temple de Dendérah. M. Mariette suppose que ces cachettes étaient préparées pour recevoir des statues en or et en argent, des sistres et des colliers. Mais nous connaissons déjà une chambre du trésor; il me semble dès lors difficile d'admettre cette explication; et la destination de ces invisibles cachettes me paraît encore un mystère.

A côté du grand temple, s'élèvent deux petits édifices : l'un, dédié à Typhon, fut construit et décoré sous Trajan, Adrien et Antonin le Pieux. Les chapiteaux des colonnes représentent aussi des têtes d'Hathor. L'autre est dédié à la déesse Isis : il fut construit tout entier sous Antonin le Pieux.

Nous avions terminé notre visite à Dendérah, plus fatigante que le lecteur ne peut se l'imaginer. Ces investigations méticuleuses pour découvrir quelques jolis bas-reliefs, ce long séjour dans des cryptes profondes et nombreuses, sans jour et sans air, ces chauves-souris qui pullulent dans tous les monuments d'Égypte et y répandent une odeur infecte, toutes ces incommodités font qu'on est bien aise d'avoir terminé sa visite, d'emporter ses souvenirs au grand jour, en plein air et au soleil de cette belle campagne d'Égypte, qui, si elle n'est pas très-pittoresque, au moins en cet endroit, réjouit pourtant l'œil par sa fécondité et son incomparable richesse.

En revenant de Dendérah, nous aperçûmes un fellah qui labourait son champ. Loin de moi la pensée de décrire la charrue et ceux qui la conduisaient, à l'instar de Georges Sand dans son joli roman de la *Mare au diable*. Quelles délicieuses pages eût écrites cette femme poëte, qui a eu, plus que personne, l'intuition de la nature, si elle avait été témoin de ce tableau! Une simple robe bleue, ouverte sur la poitrine, couvrait à peine le laboureur arabe. L'antique coiffure égyptienne le défendait seule contre les rayons du soleil. Ce bonnet, en forme de cône tronqué, tout en laine, sans visière, sans épaisseur même comme le turban, ne paraît pas tout d'abord adapté aux ardeurs d'un pareil climat; mais, puisque cette coiffure s'est conservée identique depuis les temps les plus reculés, quoique tant d'autres aient passé sous les yeux des Égyptiens, j'en conclus qu'elle doit satisfaire plus que toutes aux besoins du pays. Un enfant qui, pour unique vêtement, portait ce même bonnet, dirigeait l'attelage. On aurait pu appliquer à ces deux fellahs ce joli mot d'un des meilleurs peintres de l'Égypte: « L'un était vêtu comme on ne l'est guère, et l'autre comme on ne l'est pas. » Des ibis, des cigognes, des échassiers de toutes sortes, en quantité considérable, suivaient la charrue et dévoraient les vers que celle-ci exposait au jour. Ces oiseaux étaient si familiers qu'ils se perchaient partout même sur le dos des bœufs, et personne ne songeait à les en chasser. N'était-ce pas là le tableau le plus vrai de l'âge d'or qu'aucun peintre ait jamais composé ?

Nous revînmes à la cange : le calme le plus complet régnait dans l'atmosphère; les matelots se mirent à remorquer le bateau à la cordelle, comme font les chevaux dans nos chemins de hallage. Nous pûmes nous livrer au plaisir de la chasse, car notre maison flottante faisait bien peu de chemin avec un tel moteur. J'étais cette fois avec un de mes compagnons. Le jour commençait à baisser ; le soleil prenait les teintes éclatantes dont il a toujours soin de se parer vers le soir, comme pour se faire regretter davantage; l'heure approchait où tout allait s'endormir, excepté pourtant les races fauves et maudites, qui profitent de l'obscurité pour sortir. Nous venions de gravir un des talus qui bordent les canaux nouvellement creusés pour la répartition des eaux pendant l'inondation du Nil, quand un chacal déboucha à quelque distance. Il s'enfuit d'abord ;p uis, se retournant, il me regarda. Je restai immobile, tandis que mon ami, courbé et se dérobant derrière le talus aux regards de l'animal, s'en rapprochait à pas lents. Sur un signe que je lui fis quand il fut arrivé à distance convenable, il se découvrit tout à coup et visa l'animal. Un cri se fit entendre en même temps que la détonation : les deux pattes de derrière avaient été brisées. La pauvre bête était condamnée à l'immobilité; mais comme aucun organe essentiel n'avait éte atteint, nous pûmes la contempler à notre aise dans toute la beauté que lui donnaient la douleur et la colère. A notre approche, ses lèvres se crispèrent; les deux rangées de ses belles dents blanches et régulières se rejoignirent avec rage; ses yeux brillèrent en changeant de couleur : la bête fauve avait pris l'aspect d'un animal féroce. Quelques coups de crosse, dont le premier ne fut pas exempt d'émotion, suffirent pour l'étendre sans vie à nos pieds. Nous rentrâmes en portant triomphalement notre proie. Les matelots nous accueillirent avec des cris d'enthousiasme, et le drogman, saisissant son grand sabre, se mit immédiatement en devoir de dépecer l'animal pour en conserver la peau.

La journée avait été complète; instructive le matin, récréante le soir. Nous avions donc joint l'utile à l'agréable, véritable manière de trouver le temps court et de chasser l'insomnie.

CHAPITRE VIII

UN ARABE CONSUL. — ENSABLEMENT. — ESNEH. — LE QUARTIER DES ALMÉES.

Le lendemain, une véritable décharge d'artillerie nous réveilla en sursaut et nous fit prestement sauter à bas du lit. Les salves se répétaient avec rapidité, et l'on distinguait même des coups de canon. Plusieurs fusils et un petit canon, en effet, produisaient tout ce tapage, qui était un salut à nous gracieusement adressé par l'agent consulaire français de Louqsor. J'ai déjà parlé du bruit qu'avait fait notre départ de Boulacq; nous ne nous faisions pas prier pour brûler notre poudre; nous savions que nos ressources en cartouches étaient surabondantes. Je vous assure, cher lecteur, que dans cette occasion-ci nous ne restâmes pas en arrière : révolvers, carabines, fusils avec ou sans inflammation centrale, tout ce qui pouvait se faire entendre a fait bravement son devoir. Nous n'avions pas de canon, il est vrai, mais nos huit coups retentissant à la fois, sur un signal, rivalisaient victorieusement avec le joujou du consul, qu'on eût volontiers pris pour une ancienne amulette égyptienne.

Bien que notre dessein ne fût pas de visiter Thèbes à ce premier passage, nous ne pouvions faire autrement que de nous arrêter quelques instants après une aussi bruyante et si aimable bienvenue. Le digne Arabe représentant de la France l'était en même temps de la Prusse. Il ne faudrait pas chercher dans cette double situation d'un même fonctionnaire quelque habile menée de M. de Bismarck, ramifiant ses intrigues jusqu'aux cataractes du Nil. Ces riches propriétaires, créés agents consulaires pour la commodité des voyageurs, échappent, par ce titre même et le protectorat étranger, aux vexations que ne manquerait pas de leur susciter le vice-roi pour arriver à s'emparer de leurs domaines. En cumulant deux charges de cette nature, les habiles pensent doubler leurs garanties. Ces exceptions privilégiées mettront un dernier obstacle au but que paraît se proposer le khédive, de devenir seul et unique propriétaire de tout le pays qu'il gouverne.

Le fils de ce double consul, parlant très-bien l'anglais, et même un peu le français, aide son père à faire les honneurs de la maison. Dans la conversation, la question de la guerre vint sur le tapis : nos hôtes feignirent de n'en rien savoir, s'excusant sur la distance; c'était, en tout cas, une preuve de tact hospitalier. Cette attention qui nous toucha, l'agrément que donnait à nos rapports la médiation du fils de la maison, la pensée que nous foulions le sol de l'antique et célèbre ville de Thèbes, nous rendirent très-douce cette courte visite. Il s'en fallut de peu que nous ne prissions la résolution de demeurer quelques jours à Louqsor et d'y prendre un premier aperçu des nombreux monuments qui s'y trouvent. Je ne sais vraiment ce qui l'empêcha. Nous fîmes la promesse de revenir bientôt, de séjourner longtemps à notre second passage; puis l'ancre fut levée, la voile tendue, et le bateau nous emporta vers le sud, plein de l'impression dont j'ai déjà parlé et que l'on ressent malheureusement si souvent en voyage : celle de n'avoir eu que le temps de connaître et de regretter.

Nous venions à peine de quitter Erment, où l'on peut admirer les restes assez élégants d'un temple construit sous le règne de Cléopâtre et dédié au dieu Harphré, lorsqu'un vent violent du nord commença à souffler. La joie fut grande à bord; nous allions donc avancer toute la nuit, et peut-être aurions-nous le bonheur de nous réveiller le lendemain à Esneh.

Hélas! les dieux de l'Égypte en avaient décidé autrement. Après un quart d'heure de marche, une série de secousses se fait sentir: le pilote avait mal gouverné; nous étions ensablés! Les matelots essayèrent de nous dégager à la gaffe; puis en tirant sur la cordelle, qu'ils avaient attachée à l'ancre un peu plus loin; enfin ils se jetèrent à l'eau, pour travailler plus efficacement. Ces corps noirs circulant autour de la barque, la nuit, offraient un aspect étrange; tous leurs efforts furent inutiles, bien qu'ils fussent accompagnés des prières les plus ferventes. Ni Allah, ni Mahomet, ni Machmout, implorés tour à tour, ne nous tirèrent d'embarras. Aussi, ces pieux mais paresseux musulmans se lassèrent-ils bientôt : ils reprirent leurs vêtements, et se couchèrent tranquillement pour dormir, en remettant au lendemain les affaires sérieuses.

Notre situation n'avait donc pas changé, lorsque nous entendîmes une musique, ou plutôt ce qu'on est convenu là-bas d'appeler ainsi, résonner dans un palais proche de la rive et tout illuminé. Le pacha d'Esneh recevait en sa villa son collègue de Kénéh, qui s'était rendu à la fête dans son yacht. Nous avions déjà l'honneur de connaître ce dernier, de telle sorte que nous fûmes bien reçus et que nous n'eûmes qu'à nous louer de l'idée qui nous était venue d'utiliser nos loisirs en nous joignant, sans invitation, à la bruyante compagnie. La nuit se passa gaiement, et plus complétement encore, suivant les habitudes locales, que dans les précédentes fêtes auxquelles nous avions assisté. Les danses avaient lieu si près des spectateurs qu'ils semblaient eux-mêmes en faire partie. La conversation tomba sur les péripéties de notre navigation. Nous dûmes avouer notre triste situation; bien nous en prit, car l'offre nous fut aussitôt faite par le pacha de Kénéh de nous désensabler à l'aide de son bateau à vapeur. Ce qui fut dit fut fait. Dès que le jour parut, nous nous rendîmes chacun sur nos embarcations respectives ; un câble fut fixé à l'arrière de notre cange. Bientôt, quelques soubresauts nous avertirent que notre cale râclait le fond rocailleux du fleuve; puis les secousses diminuèrent; et enfin nous nous sentîmes flotter. Le câble fut détaché; le yacht continua sa route vers le nord, tandis que notre voile, gonflée par le vent qui n'avait pas cessé, nous séparait à jamais de notre bienfaiteur, auquel nous exprimâmes notre reconnaissance par des décharges répétées de nos armes à feu.

La journée se passa comme toutes celles où l'on jouit d'un bon vent, au milieu de la tranquillité et du bien-être, au milieu de réflexions sur le passé et de rêves sur l'avenir, cet éternel incertain que l'on désire toujours atteindre et que l'on regrette si souvent d'avoir connu!

Le lendemain, à notre réveil, nous étions amarrés sur le rivage d'Esneh. L'aspect de cette ville est riant et agréable : le Nil laissait devant elle, à cette époque de l'année, une plage assez vaste de sable, où les enfants, nus comme des vers, venaient s'ébattre, en répandant dans l'air leurs cris perçants et joyeux. Des barques, en assez grand nombre, étaient amarrées sur la rive ; des nuées de pigeons ramiers sillonnaient l'espace; tout nous invitait à pénétrer dans cette cité, que nous désirions encore plus atteindre depuis le malencontreux incident qui nous avait retardés la veille.

A peine étions-nous débarqués, que trois hommes, étendus à terre et entourés d'une quantité de livres, d'amulettes et autres objets pieux, nous offrirent de nous tirer la bonne aventure. J'acceptai : mes noms, prénoms, âge, qualité, furent aussitôt déclinés ; et après un petit calcul, dont j'aurais bien voulu vérifier l'exactitude, le chef de la bande chercha gravement dans son grand livre. Il est probable que les étrangers de passage se livrent peu à ce genre de divertissement, car ces diseurs d'avenir ne possèdent même pas un chapitre relatif à chacune des trois races répandues sur la terre. En effet, celui-ci se mit à me raconter mille choses dont tout musulman aurait pu se réjouir, mais qui me laissèrent indifférent. Il m'annonça que je payerais mes femmes un prix très-raisonnable, que je serais heureux dans mon harem, et que le vice-roi n'achèterait pas mes terres. Je le remerciai, le payai, satisfait encore (voyez ce que peut l'imagination) qu'il ne m'eût pas annoncé quelque grosse douleur pour un temps rapproché.

En le quittant, je me dirigeai vers le temple, qui est situé au milieu de la ville. Pour m'y rendre, je dus traverser le quartier, où se tient le marché aux légumes. Pendant cette course, je fus vraiment effrayé pour la suite de notre voyage. Nous n'étions qu'au 25 mars, et déjà la chaleur était assez forte pour gêner beaucoup ma respiration. Je ne comprends pas comment les habitants de ce pays n'inventent pas des moyens plus efficaces de se garantir d'une telle incommodité. Bien loin de là, sans paraître en souffrir, ils se campent en plein air avec les légumes ou les denrées qu'ils débitent. Les malpropretés de toutes sortes, les mouches en telle quantité que l'armée qui se promène sur nos devantures les plus sucrées d'Europe n'en peut donner l'idée, viennent encore s'ajouter à la chaleur et au dégoût que tout ce mélange vous inspire. Je me demandai bien des fois comment nous supporterions un tel climat au mois de mai, et deux cents lieues plus au sud que nous n'étions encore; aussi, ce fut avec une vraie satisfaction pour le présent, mélangée de craintes sérieuses pour l'avenir, que je pénétrai sous le frais portique du temple. Ce portique est la seule partie qui reste de l'ancien édifice; mais sa similitude avec ceux des temples d'Edfou et de Denderah montre que l'édifice dans son ensemble a dû comporter la même disposition que ceux dont je viens de parler. La façade et toutes les colonnes de cette salle sont d'époque romaine. On y voit les cartouches de Claude, de Domitien, de Commode, de Septime-Sévère, de Caracalla, de Géta. Le fond est d'époque grecque, et a été construit par Ptolémée Epiphane. Cette salle offre un bel aspect d'ensemble; elle est soutenue par dix-huit colonnes, sanscompter les six qui forment la façade. Dans ce qui reste de ce temple, on peut remarquer la marche ascendante de l'architecture égyptienne sous la domination grecque et latine, même alors que la sculpture et la gravure ne s'étaient pas encore transformées sous ces bonnes influences. Ma science est trop nulle pour que j'aie pu constater le mauvais style des stèles et des hiéroglyphes d'Esneh; mais il m'a été facile de me rendre compte que, si les bas-reliefs laissent encore à désirer, il y a peu d'exemples en Égypte d'une aussi grande hardiesse d'élévation, d'une aussi grande grâce dans les chapiteaux de colonnes, qui représentent ici des fleurs de lotus épanouies, et, malgré que les entre-colonnements soient desmonolythes, d'une aussi grande légèreté, dans le plafond et les supports. Ce temple, dans son intégrité, était certainement une des merveilles de l'Égypte; et nous devons nous trouver heureux encore que le temps ait bien voulu nous en laisser un aussi magnifique fragment.

Nous passâmes sous ce portique, les heures chaudes de la journée, et vers quatre heures du soir nous retournâmes au bateau, en passant par le quartier des almées. Si presque chaque ville au monde a sa petite industrie dont elle est fière, Esneh possède aussi la sienne; c'est la terre où se moulent et où s'instruisent les danseuses et les almées, race qui rappelle les bohémiens de France et les gitanos d'Espagne. Je reconnais qu'il y a au monde beaucoup d'industries plus nobles; mais toute fabrique est intéressante à visiter; toute étude de mœurs est instructive, et il ne faut pas négliger de la faire.

La famille est organisée, en Orient, d'une manière bien différente de la nôtre. Sans approuver toutes les institutions du Prophète, il serait pourtant injuste de dire qu'à côté des horreurs de la polygamie et du divorce, elles ne contiennent pas des exemples de pudeur que nous pourrions souvent ne pas dédaigner de suivre. La jeune Égyptienne court, saute, arpente la campagne, avec ou sans costume, jusqu'à huit ans. A partir de cet âge, elle est enfermée dans la maison paternelle, et si sévèrement cloîtrée que nul regard humain ne peut pénétrer jusqu'à elle. Il faut que son futur mari l'ait remarquée avant cet emprisonnement, car il ne peut plus l'apercevoir, pas même la veille de ses noces. Pour l'obtenir, il doit l'acheter au père : le prix est débattu entre eux deux, et dès que le marché est conclu, on procède à la cérémonie. La loi permet à tout musulman quatre femmes légitimes; s'il en achète d'autres, elles sont regardées comme esclaves. Dans les ménages riches, la femme est enfermée dans sa nouvelle demeure comme elle l'était chez ses parents : elle a changé de prison, voilà tout. Mais chez ceux qui ne peuvent avoir de domestiques, les nécessités de la vie rendent cette incarcération impossible, Une des principales occupations de la femme est alors d'aller puiser de l'eau dans le Nil pour les besoins de la maison. C'est pour l'accomplissement de ce devoir que la loi prescrit de pudiques précautions.

Toutes les femmes d'une même ville choisissent la même heure pour se rendre au fleuve; et elles se font toujours accompagner d'un parent, ordinairement un vieillard que l'âge empêche de travailler aux champs. C'est cette coutume des Égyptiennes qui a si heureusement inspiré les peintres. Rien, en effet, n'est gracieux comme ces groupes de femmes venant puiser l'eau qui sert pour le ménage. Les unes sont accroupies pour remplir leur amphore; les autres s'aident mutuellement pour l'élever sur leur tête ; et, dans le fond du tableau, l'on voit s'éloigner, drapées merveilleusement dans leur grande robe bleue, celles qui rentrent au logis. De leurs beaux bras nus, elles soutiennent sur leur tête le grand vase plein d'eau, qu'elles emportent chez elles. Cette pose semble grandir leur taille, leur donne une apparence tout à la fois de majesté et de servitude, de noblesse par leur maintien et de domesticité par l'acte qu'elles remplissent, et fait que les rives du Nil, à l'heure où cette scène se passe, offrent un des tableaux les plus variés, les plus poétiques et les plus intéressants à contempler.

Quand une femme est répudiée par son mari, elle retombe au pouvoir de ses parents. qui peuvent la vendre de nouveau : les enfants appartiennent au père.

Les familles d'almées ont une organisation à peu près semblable, mais forment une race absolument à part. Les femmes ne se cachent jamais la figure, dansent dans les fêtes et les soirées où on les convoque pour de l'argent ; les hommes les accompagnent, en jouant de divers instruments, dont j'ai déjà parlé. Mais ce qui différencie surtout cette classe sociale des autres, c'est qu'elle passe pour avoir des mœurs moins austères, et même relâchées. Aussi tout Égyptien se croirait-il déshonoré, s'il épousait une almée, et un père ne vendrait-il jamais sa fille à un homme de cette secte réprouvée.

Les quartiers où ces familles habitent sont fort intéressants à traverser : les femmes quittent la robe bleue, que portent invariablement les autres Égyptiennes, pour revêtir des costumes variés à couleurs voyantes. Une quantité de bijoux leur couvre la tête et la poitrine ; et dans le nombre il y en a de fort beaux. Dans les maisons, on voit les petites filles qui reçoivent déjà les premières notions du grand art qu'elles sont appelées à pratiquer un jour ; et il est amusant de voir avec quelle gaucherie ces pauvres petits êtres se livrent à ces contorsions anti-naturelles dont j'ai parlé plus haut.

Nous allions quitter la ville, quand la vue d'un dromadaire m'inspira le désir d'essayer de cette monture. Sur la demande du drogman, l'animal fut bientôt agenouillé et débarrassé de sa charge. Je m'installai sur la plate-forme que l'on est convenu d'appeler une selle et qui est perchée sur le sommet de la bosse. Mes jambes étaient croisées selon l'habitude du pays, mais au détriment, je crois, de ma solidité, quand le propriétaire donna le signal à la bête de se lever. Une forte secousse me désarçonna presque complétement et me laissa, en tout cas, quelques instants, sur une pente si rapide, que j'aurais glissé sur le cou de ma monture, si une autre secousse presque aussi forte ne m'avait, à son tour, rejeté vers l'arrière et réintégré dans ma position normale. S'établir sur un dromadaire est donc chose pénible et désagréable, mais bien compensée par le charme de la promenade. Un mouvement doux, ondulé, et constamment le même, vous berce agréablement. Jamais de ces trottinements ou de ces changements d'allure que certains chevaux prennent souvent malgré vous, et qui sont si fatigants. On n'a sur un chameau qu'à se laisser conduire; et l'élévation où l'on se trouve, permettant d'apercevoir au loin, fait diminuer la monotonie qui résulte toujours d'un voyage lent et prolongé dans les mêmes conditions.

Je regagnai la cange, monté sur cet animal. Mes amis ne tardèrent pas à me rejoindre, et nous reprîmes le large, poussé par un vent favorable.

CHAPITRE IX

LES CARRIÈRES DE GEBEL SELSELEH. — LE SITE ET LE TEMPLE D'OMBOS. — LE BAZAR D'ASSOUAN.

Nous apercevons dans le lointain les deux immenses pylones du temple d'Edfou; mais nous gardons pour le retour la visite de cet incomparable édifice.

Peu à peu, la vallée du Nil se rétrécit de plus en plus. Les deux chaînes de montagnes se rapprochent l'une de l'autre, jusqu'à venir encaisser le fleuve entre deux murs de rochers, où sont creusées les anciennes carrières de Gébel Selseleh.

Au milieu de ces carrières, se trouvent des hypogées, dont plusieurs sont peints et offrent, paraît-il, un certain intérêt aux véritables égyptologues. Le plus grand de tous, le plus au nord, dont l'entrée est soutenue par quatre piliers massifs, fait surtout leur admiration. Il a été creusé sous le règne d'Horus, dernier roi de la dix-huitième dynastie. Mais je dirai de ces grottes ce que j'ai dit de celles de Béni-Haçan. J'ajouterai même qu'elles sont infiniment moins curieuses. A Béni-Haçan on remarque des peintures, qui, bien que dénuées de mérite, n'en sont pas moins des pages intéressantes sur le labourage, sur la navigation et sur les occupations en général des Égyptiens à l'époque de la fondation de ces monuments. Mais ici on ne vante que deux bas-reliefs qui cherchent à représenter, le premier une déesse nourrissant de son lait divin le roi Horus, et le second, le triomphe d'Horus lui-même. Je suis trop sincère et je m'applique trop dans ce travail à respecter scrupuleusement la vérité, pour écrire que ces sculptures sont belles; si j'avouais même ce qui est arrivé dans cette visite, j'ajouterais que je suis passé plusieurs fois devant ces bas-reliefs en les cherchant, sans pouvoir m'imaginer que c'était là le sujet de tant de descriptions pompeuses. Je me serais même certainement éloigné pour aller les découvrir dans une autre grotte, si l'un de mes livres ne m'eût donné pour les trouver une orientation très-exacte et des points de repaire nombreux. Certains savants pourront me répondre, s'ils m'en trouvent digne, que je ne peux pas atteindre à la hauteur de ces sculptures, et que les beautés égyptiennes sont trop vertes pour moi. C'est possible; mais j'admire assez de belles choses en ce monde pour être content de mon modeste sort, et ne pas désirer descendre à ces hauteurs-là.

A Gebel Selseleh, les carrières seules sont vraiment intéressantes. Les matériaux de presque tous les monuments d'Égypte ont été pris en cet endroit. On se rend compte de la grosseur des monolithes tirés de ces carrières; chacun était certainement taillé en même temps que détaché de la montagne; on n'avait plus ensuite qu'à le descendre dans les barques qui avaient un abord facile près de ces rives escarpées. La qualité de la pierre, la disposition des lieux, tout invitait à l'exploitation de ces carrières; c'est ce que les anciens ont compris; aussi en ont-ils largement usé.

J'allais rentrer dans la cange, quand un matelot me montra, avec un air de confidence et de mystère, une petite tête plate qui sortait quelque peu des eaux; un mouvement de l'animal laissa voir deux pattes allongées et fortement ongulées. J'ajustai, plein d'émotion; le coup partit, et l'animal s'enfonça lentement, emporté par le courant du fleuve. Le matelot ne fit qu'un bond et me rapporta ma proie, en criant triomphalement : « Temzag ! » mot qui signifie : *crocodile*, en arabe. Je le pris avec enthousiasme ; hélas ! sa bouche n'avait pas de dents, son dos n'avait pas d'écailles, son corps était flasque et mou ; ce n'était qu'un lézard ! Le drogman, pour me consoler, voulut me faire accroire que cet animal, tout en n'étant pas crocodile, appartenait pourtant à leur famille, *étant le produit d'un œuf gâté !* Il paraît vraiment qu'il y a des voyageurs bien simples, ou feignant de l'être, pour que les drogmans osent affirmer de pareils mensonges. Je ne finirais pas, si je voulais conter toutes les absurdités que Farag nous servit avec la persuasion la plus complète que nous allions y ajouter foi. Je dirai seulement que le dernier jour de notre voyage, comme pour nous servir en nous quittant la perle d'une si belle collection, il nous assura qu'étant enfant il était mort pendant deux jours, et qu'il était ressuscité par la vertu de je ne sais quelle préparation !

Peu de temps après, nous aperçûmes, à l'un des coudes du fleuve, les restes un peu minés par le Nil, mais encore gracieux et élégants, du temple d'Ombos ; c'était la première fois que nous voyions un temple sur le rivage du Nil à proprement parler. La campagne environnante est bien telle que je m'étais figuré la voir en Égypte. A l'horizon, assez borné d'ailleurs, on aperçoit le désert. Toujours le désert! s'écriera-t-on peut-être. C'est vrai; mais, au fond du tableau, il n'est pas à dédaigner; plus que les montagnes, plus que la mer elle-même, il a ce je ne sais quoi d'inconnu et de nuageux qui sied bien aux horizons, à ces horizons que les peintres les plus habiles laissent si souvent dans le vague et l'incertain. L'entrée du désert, c'est le commencement de rien, où l'artiste s'arrête parce qu'il n'y trouve rien à représenter, et que l'art pas plus que la poésie n'est vide. Il est bien rare qu'on ait peint la mer, sans au moins un reste de bâtiment échoué sur le rivage, ou sans un oiseau; et pourtant la mer a une vie par elle-même; elle se meut. Félicien David, dans son *oratorio*, chante plutôt la caravane que les solitudes affrontées par elle. Que pourrait donc faire le peintre de cette grande immobilité sans vie, sans impression, sans intérêt? Il la laisse au fond du tableau, et s'il en indique le contour, c'est pour marquer les limites de son art, tout de poésie et d'amour.

Plus près de soi, et jusque sur les bords du

fleuve, on voit la terre cultivée, cette vieille nourricière dans le sein de laquelle nous rentrerons, après en être sortis et nous en être nourris, cette mère prévoyante entre toutes qui travaille sans cesse pour allaiter ses enfants, et qui récompense avec tant de largesse ceux qui l'ont le plus courageusement soignée.

Puis enfin, près du grand fleuve, tout à fait sur la rive, les ruines du vieux temple : signature un peu effacée mais lisible encore de la grandeur passée des Égyptiens; restes dégradés, dont chaque meurtrissure est comme un châtiment aux fils dégénérés qui n'ont pas su conserver cette antique splendeur, et comme un avertissement, une exhortation à la reconquérir un jour.

Un peintre qui voudrait représenter l'Égypte sous son triple aspect ne pourrait pas choisir un site plus heureux que celui d'Ombos ; à peine pourrait-il retrouver un ensemble analogue en Nubie, où pourtant le peu de largeur du terrain cultivable forçait les habitants à construire sur les bords même du fleuve.

Ce temple d'Ombos a été commencé sous le règne de Ptolémée Épiphane et continué sous ses fils Ptolémée Philométor et Évergète II. Du plus loin qu'on l'aperçoit, ses chapiteaux à fleurs de lotus épanouies indiquent bien l'époque ptolémaïque. Il est divisé dans toute sa longueur en deux parties et dédié à deux triades de divinités différentes et même ennemies. La partie droite est consacrée à Sevekle, dieu de la nuit, à tête de crocodile, à Hathor et à Khons; la partie gauche, à Aroéris, le dieu de la lumière, et à deux divinités secondaires. Une inscription grecque dédicatoire, tracée sur le listel de la corniche intérieure, est adressée à Aroéris. Voici la traduction que M. Letronne en a donnée : « Pour la conservation du roi Ptolémée et de la reine Cléopâtre sa sœur, dieux Philométors, et de leurs enfants, à Aroéris Apollon, dieu grand, et aux divinités adorées dans le même temple, les fantassins, les cavaliers et autres personnes stationnées dans le nôme d'Ombos (ont fait) ce secos, à cause de la bienveillance (de ces divinités) envers elles. » Dans l'autre partie, le dieu Sévek est représenté cent fois. On voit souvent Ptolémée Évergète II lui offrant un collier, ou quelque autre présent. Malheureusement, on ne peut guère visiter que le vestibule, le reste du temple étant ensablé. Puisque M. Mariette avoue lui-même que ce monument deviendra bientôt la proie du Nil, il serait peut-être temps qu'il en fît achever le déblaiement, afin de ne pas laisser emporter par les eaux des sculptures, des stèles, ou des hiéroglyphes qui auraient peut-être une importance capitale, historique ou archéologique.

La visite d'Ombos demande peu de temps. Nous remontâmes sur notre cange, et un vent violent nous emmena vers le sud. Des deux côtés, les sables se rapprochaient du fleuve; et par contre la terre cultivée diminuait de largeur. Le voisinage de la Nubie se faisait déjà sentir; mais, de loin en loin, quelques gros rochers de granit nous rappelaient que la première cataracte nous en séparait encore. L'aspect général devient plus sévère : les montagnes qui ne sont plus en grès, mais qui sont alors composées d'un mélange de granit et d'ardoise, revêtent une couleur noirâtre et lugubre. Le Nil, au lieu de s'étendre à son aise sur une grande largeur, paraît gêné par ses rives et coule avec vitesse, comme s'il voulait se presser de quitter un tel lieu. En vrai père nourricier qu'il se nomme, il lui tarde, je le comprends, de retrouver un pays où il puisse abondamment distribuer la richesse et la vie. Quant à moi, à mesure que je remontais vers cette nature plus sauvage et plus parlante à la fois, je me sentais heureux. J'avais assez des grandes plaines et des larges horizons. Depuis un mois que nous étions partis du Caire, je ne me rappelais pas avoir été une fois charmé par la nature seule. Une Sakieh, un monument, quelque chose d'humain avait toujours contribué à mes émotions. La cataracte, l'île de Philœ, dont j'avais tant entendu parler, la Nubie, allaient peut-être contraster avec ce que nous avions vu jusqu'à présent, m'offrir des horizons nouveaux, et rompre la monotonie inhérente à un pareil genre de locomotion, devant une constante uniformité d'aspects. Ce fut donc avec une véritable joie que je vis la cange s'engager dans les rochers de granit avant-coureurs de la première cataracte, et que j'aperçus l'île antique d'Éléphantine, si riche en souvenirs historiques, et, malgré sa vieillesse, encore verte et gracieuse, au milieu du beau fleuve qui la caresse depuis si longtemps. La ville d'Assouan elle-même se montra bientôt, Assouan, dont l'aspect est unique et dont les habitants cosmopolites méritent tous une attention particulière, à cause de la diversité de leurs types, de leurs costumes, de leurs langages et de leurs habitudes.

A peine la cange fut-elle amarrée au rivage, que le gouverneur de la ville nous fit demander la permission de nous rendre visite. A la prière que nous fit le drogman de le recevoir avec beaucoup d'honneur, afin qu'il nous facilitât le passage de la cataracte, nous allâmes à sa rencontre. C'était un grand bel homme, presque nègre et richement vêtu à la mode du pays. Dès que nous fûmes de retour, un de mes compagnons lui offrit un verre de limonade, qu'il avala d'un trait, puis un second, puis un troisième, et ainsi une bouteille et demie. Ce début permettait de causer; nous le priâmes de s'asseoir, et la conversation s'engagea. Dans toute conversation, surtout à l'étranger, il faut que l'on s'instruise. Celle-ci nous édifia principalement sur l'esprit de notre drogman; le lecteur en jugera. Depuis que nous avions quitté le Caire, sans être parvenus à parler l'arabe, nous avions pourtant appris un certain nombre de mots, à l'aide desquels nous pouvions presque toujours reconnaître, en entendant parler les indigènes, de quoi il s'agissait. Or nous commençâmes l'entretien en félicitant le gouverneur sur les charmes de sa capitale, sur sa propre situation hiérarchique, assez remarquable à son âge. Nous lui parlâmes de l'ordre qui régnait à Assouan, de l'honnêteté peinte sur tous les visages, résultats obtenus sans doute grâce à une administration aussi éclairée que la sienne. Là dessus, le drogman, au lieu de traduire notre pensée, fit une grande phrase où nous pûmes reconnaître les mots: cange, cataracte, fripon, marcher vite. Ceci n'était rien encore; mais où il nous fut donné de juger de la haute intelligence de Farag, c'est lorsque, le gouverneur ayant répondu par une tirade où nous comprîmes les mots: bonne volonté, vitesse, Philœ, pas cher; notre traducteur nous dit: « Monsieur le gouverneur vous remercie de vos bonnes paroles: il vous trouve très-indulgents à son égard et est très-flatté de votre réception. » Il faut dire que nous avions loué cet homme à forfait et que le passage de la cataracte devait être payé par lui sur le prix convenu. Je ne veux du reste lui reprocher ici en aucune manière d'avoir appelé l'autorité à son aide contre celui qu'il nommait fripon, sans doute le capitaine des cataractes, homme désagréable s'il en fut jamais: je ne veux au contraire que louer cette haute intelligence, capable de mener de front deux conversations pendant une demi-heure, avec tant de naturel, que nous ne nous fussions jamais douté de la ruse, sans la circonstance dont j'ai déjà parlé. Nous avions du reste intérêt nous-même à ce que ce passage se fît le plus rapidement possible; aussi ne cessâmes-nous pas un instant d'offrir quelque boisson au palais altéré de monsieur le gouverneur, qui ne parvint que vers la fin de sa visite à amortir sa soif.

Aussitôt après son départ, nous prîmes nos ombrelles et nos éventails, deux préservatifs dont nous nous séparions peu contre le soleil et la chaleur, et nous pénétrâmes dans l'intérieur de la ville. Bien que la Nubie et même quelques contrées au delà soient soumises à l'autorité du vice-roi, l'Égypte, à proprement parler, ne s'étend que depuis le Delta jusqu'à la première cataracte. Les marchands qui débitent au Caire consentent rarement à remonter plus haut qu'Assouan; ils viennent chercher là les produits et les denrées que leurs correspondants y ont apportés de Kartoum. Le bazar d'Assouan est donc curieux en ce qu'il renferme les produits du Sud qui vont au Nord, et ceux du Nord qui doivent être échangés dans le Sud. On offre à très-bon prix des plumes d'autruche, des massues en ébène, des dents d'éléphants, des singes, de la gomme et des esclaves.

Ce dernier commerce excitait surtout notre curiosité : je m'approchai d'un des débitants de cette marchandise humaine, qui avait fait son étalage sur le sable, à l'ombre d'un vieux mur.

Chacun des malheureux à vendre avait devant lui une écuelle de bois pleine d'eau, à peu près semblable à celles qui servent en France dans les chenils : ces êtres humains étaient accroupis, tout nus, sans parole et presque sans regard. Je marchandai une femme ; on m'en demanda 900 francs. La malheureuse ouvrit la bouche, pour me montrer ses dents et sa langue ; puis elle leva les yeux sur moi : je crois maintenant que c'était pour me montrer qu'ils étaient sains. Mais, à ce moment, il me sembla lire dans ce regard une instante prière pour que je l'achetasse ; tout changement de condition ne pouvant qu'apporter un soulagement à ses souffrances. Si la pitié eût dépassé le dégoût qu'elle m'inspirait, je me serais peut-être laissé séduire au point de faire une emplette aussi incommode à emballer et à expédier en France ; mais sa malpropreté était si grande, ses traits si grossiers, que je ne tardai pas à détourner mon regard pour contempler un gros singe avec lequel jouait un des beaux indigènes des sombres forêts du Soudan.

Ce jeune homme, vêtu seulement d'un carquois, rempli de grosses flèches en fer, attaché sur le dos, était gracieux et élégant dans ses mouvements et dans ses poses. Dès qu'il se vit remarqué, il saisit une flèche, et, l'adaptant à son arc, simula un combat de son pays. Il tournait sur lui-même avec une agilité incroyable, feignant de lancer ses projectiles dans toutes les directions à la fois. Les passions qu'éveillait en lui cet exercice, faisaient étinceler son regard, tandis que sa longue chevelure, qui souvent lui retombait sur le visage et jusque sur la poitrine, lui donnait un air de bête sauvage à effrayer les moins timides.

Si la pensée que j'appartenais à l'espèce de la pauvre esclave plongée dans la torpeur et l'abrutissement, avait soulevé en moi toutes les fibres de mon amour-propre, l'opposition était aussi trop complète pour que je fusse flatté d'être le semblable de cet énergumène. Voilà pourtant ce que peuvent faire les différences de climat, de mœurs et d'origine. En m'éloignant pour revenir à la cange, je pensais que la pauvre esclave, qui m'aurait suivi avec plaisir, ne m'avait inspiré que du dégoût ; tandis que le jeune sauvage n'aurait certainement pas renoncé à ses danses, à sa nudité et à ses flèches, pour me suivre dans mon pays, lui que pourtant j'eusse plus volontiers emmené.

CHAPITRE X

UNE COMÉDIE DE NOS ARABES. — UNE NUIT DANS L'ILE D'ÉLÉPHANTINE. — PASSAGE DE LA PREMIÈRE CATARACTE.

En remettant le pied sur la cange, j'assistai à la querelle d'un de mes compagnons avec son jeune domestique arabe, tellement paresseux qu'il refusait d'accompagner son maître, même à âne, dans une course que celui-ci voulait faire aux environs d'Assouan. Le domestique finit par céder; ils partirent; mais le lecteur va voir de quoi était capable cet enfant, adopté par notre drogman, et bien digne du reste de son instructeur. Une demi-heure après le départ de notre ami, on vient nous annoncer qu'il avait roué de coups son jeune serviteur, au point de le laisser sans mouvement et peut-être sans vie sur le bord de la route. Bien nous prend de ne pas paraître trop émus de cet avertissement : un attroupement menaçant se groupe immédiatement autour de la cange. Nous nous installons résolûment sur le pont, nous montrons nos revolvers, et nous envoyons chercher par deux matelots le soi-disant cadavre du jeune Ali. Plus nous réfléchissions, et plus il nous paraissait impossible que la chose fût arrivée. Notre compagnon, bien que vif, n'était pas cruel ; et, dans le cas où il eût involontairement porté un mauvais coup, il n'eût certainement pas abandonné l'enfant sur le chemin.

Malgré nos raisonnements, nous ne pûmes nous empêcher d'être inquiets, quand nous vîmes de loin arriver le petit homme, porté par un des matelots que nous avions envoyés. Il laissait pendre sa tête et ses bras sur le dos du porteur, comme s'il eût été mort. On le coucha sur le pont : ses yeux étaient fermés, et sa bouche entr'ouverte. Nous lui donnâmes de l'éther, qu'il rendit aussitôt.

Alors notre drogman se mit à l'appeler tendrement et de toutes ses forces, bien qu'il le tînt dans ses bras. Ces cris excitèrent contre nous l'indignation de la foule : quelques indigènes étaient déjà sur l'avant-pont, et nous menaçaient du geste. Je ne sais vraiment pas ce qui aurait suivi, si notre compagnon accusé d'avoir tué Ali n'était lui-même survenu à ce moment, armé d'un respectable gourdin. Il commença par écarter la foule; puis, devinant ce qui s'était passé, sachant qu'il n'avait fait aucun mal à son domestique, il s'approcha d'Ali et lui dit à l'oreille : « Cesse immédiatement cette comédie, ou je t'applique trois vigoureux coups sur les reins. » Vingt-cinq doses d'éther et dix flacons de sel anglais n'eussent pas produit un effet plus magique : l'enfant sortit immédiatement de sa léthargie, au grand ébahissement de ses compatriotes. Cette feinte, comme on le pense bien, ne resta pas impunie. Le drogman, du reste, craignant de paraître complice d'une comédie dictée par la paresse et qui aurait pu amener de si grands malheurs, commença lui-même à frapper son pupille. Je m'explique difficilement comment l'enfant ne s'évanouit pas alors pour tout de bon. Sans doute, la peur qu'on ne prît pas son mal au sérieux domina cette fois ses sens et sa volonté.

Le lecteur sera peut-être choqué que nous ayons permis un tel mode de correction; mais avec de tels roués il n'y a que la force à employer, autrement on aurait le dessous. Il fut guéri et bien guéri pour l'avenir de sa paresse et de ses mensonges.

Peu de temps après, le drogman voulut nous

présenter le capitaine des cataractes : nous l'envoyâmes au diable, nous étions exaspérés ; nous ne fîmes qu'entrevoir cet homme, et il nous déplut singulièrement : son nez effilé, ses yeux trop fendus, son air bête et prétentieux, n'annonçaient rien de bon. Le petit Ali nous avait pour jamais dégoûtés des Arabes, et principalement des plus intelligents et des plus civilisés parmi eux. Nous déclarâmes à tout le monde que nous n'économiserions pas les coups de bâton, et nous prévînmes le drogman que s'il nous désobéissait, ce serait une balle de revolver qui punirait sa faute.

Voilà les doux rapports dont nous jouîmes avec notre équipage, à partir de cette date. Que les touristes qui nous suivront dans ces parages n'oublient pas qu'il faut se faire craindre de ces gens-là. Si l'on cherche à gagner leur affection, ils vous méprisent. Que de sosies ils ont en France ! Mais cessons les remarques misanthropiques. S'il est dur de constater souvent que de tristes vérités s'appliquent à la généralité des hommes, une seule exception qu'on rencontre en sa route suffit bien amplement pour vous dédommager. Aimons donc, quand même, l'humanité, qui contient dans son sein des perles d'autant plus appréciables qu'elles sont plus rares, et dont les réelles vertus vous procurent, par l'attrait qu'elles exercent, une si grande somme de jouissances !

. La lune était dans son plein ; aussi, le soir, quand cette lueur pâle et pourtant chaude de ton, vague et pourtant produisant des ombres aux contours accentués, se répandit sur la terre, l'idée nous vint de passer la nuit dehors. Le drogman nous proposa de faire le tour de l'ile d'Eléphantine en barque. Il était devenu charmant, le drogman, depuis l'histoire d'Ali ; mais notre rancune n'était pas éteinte et même la compagnie des matelots nous eût agacés. Nous prîmes nos armes, nous nous fîmes conduire sur l'île d'Eléphantine ; puis, sur notre ordre, les matelots et le drogman retournèrent à la cange, nous débarassant enfin de leurs personnes, de leurs caprices et de leur malhonnêteté.

Ce n'est pas un monde que l'île d'Eléphantine ; elle peut mesurer un bon kilomètre de longueur sur 600 mètres de largeur. Au milieu, est bâti un village de Nubiens, véritables sauvages pour ceux qui n'ont pas encore eu l'occasion d'en voir. Aussi notre descente dans cette île fut-elle pompeusement comparée par l'un de nous à celle de Christophe Colomb en Amérique. Un autre de mes compagnons faisant allusion à l'ordre que nous avions donné aux matelots de nous abandonner sans moyens de retour, nous compara non moins pompeusement à Scipion brûlant ses vaisseaux pour attaquer Carthage. Les souvenirs historiques ne nous manquaient donc pas : l'enthousiasme nous manquait moins encore. La lune était si brillante ! elle se dessinait si bien derrière les grands palmiers ! elle traçait une ligne si longue et si éclatante sur les eaux du fleuve qui nous entourait de toutes parts, et dans le lit duquel on apercevait çà et là quelques énormes rochers de granit, semblables à de grands fantômes noirs, auxquels les bouillonnements du fleuve semblaient prêter des sons plaintifs ! Que la nuit est belle, surtout quand elle est transparente et tranquille comme celle dont je parle en ce moment ! Comme ce repos de la nature est bien fait pour calmer la douleur en l'endormant, à l'exemple de tout ce qui l'environne, dans la poitrine où elle est tombée ! Et comme cette même influence sur un cœur plein de vie et de joie, écartant toute excitation trompeuse, sait lui faire apprécier son bonheur par le calme qu'elle y apporte ! O nuit bienfaisante ! comme tu es bien l'œuvre de la suprême intelligence ! et comme on a besoin de toi après toute une journée de voyage ! Quel délassement tu donnes aux membres abattus ! Quelle fraîcheur tu rends à l'esprit échauffé par le frottement rugueux du contact des hommes ! Tu fais que, le matin, quand la vie recommence, on a presque oublié ses haines, et qu'on ne se souvient plus que de ce qu'on a aimé !

Nous étions pour longtemps dans cette île : chacun se livra à son occupation favorite. L'un chercha des coléoptères ; c'était prosaïque, mais honnête. Un autre se mit à l'affût ; je me suis toujours demandé de quoi, je me le demande encore, mais je me serais bien gardé de le troubler, puisque tel était son plaisir. Le troisième vint avec moi dans les chemins, dans les champs, reconnaître notre nouveau pays et le visiter en détail.

En passant près du village, nous vîmes une famille de Nubiens accroupis en cercle. Tous étaient absolument nus. Quelques femmes seulement portaient à la ceinture une série de lanières, pendant à côté l'une de l'autre : quelque chose de semblable aux chasse-mouches de nos attelages de ferme. A notre approche, cette famille fut d'abord effrayée ; mais, comme nous témoignâmes nos sentiments pacifiques en nous retirant, elle se rassura bientôt et prononça plusieurs fois *Chavaga*, ce qui signifiait qu'elle nous prenait pour de gros commerçants européens, du Caire. En continuant notre pérégrination, nous arrivâmes à un quai assez élevé au-dessus du niveau du fleuve, et d'où l'on découvre une admirable vue : ce quai est d'époque romaine; il a été construit avec des matériaux provenant d'un grand temple actuellement disparu, et qui, suivant Strabon, était dédié à Knouphis. Nous restâmes quelque temps en cet endroit, d'où nous apercevions sur l'autre rive la ville d'Assouan, avec les innombrables barques amarrées au rivage. La nuit était assez claire, pour nous permettre de reconnaître facilement notre cange. Tout y paraissait calme et plongé dans le plus profond sommeil. Nous jetâmes un coup d'œil sur le marché aux esclaves, où dormait probablement avec sa déception celle que j'avais marchandée pendant le jour; puis nous descendîmes, par un étroit escalier pratiqué dans l'épaisseur du quai, jusque sur les rochers que baigne le fleuve en cet endroit. Nous revînmes sur la plage où l'on nous avait débarqués; nous nous étendîmes sur le sable, et nous prîmes de la nuit tant que nous pûmes en prendre, jusqu'à ce que le jour parût et ramenât avec lui la réalité de la vie et le moment du départ.

A notre arrivée à la cange, le drogman nous

avertit que tout était prêt pour le passage de la cataracte; on n'attendait plus que le bon vent pour partir : car il était absolument indispensable qu'il vînt à notre aide. Il commença à souffler vers onze heures du matin: c'était bien un peu tard, mais sur notre ordre d'appareiller quand même, la voile fut tendue, et la cange conduite par un pilote assez habile, il faut le reconnaître, commença à serpenter au milieu des milliers de rochers qui ne laissent qu'un étroit chenal aux barques depuis Assouan jusqu'à la cataracte. La chaleur était extrême: ce n'était pas sans préoccupation qu'à l'approche de l'été je m'enfonçais plus avant dans le sud; que j'entrevoyais l'heure où la première cataracte, placée derrière nous, viendrait ajouter encore une barrière aux difficultés du retour. Qui n'a pas éprouvé ce que coûte une absence prolongée des nouvelles de son pays, ne peut se figurer l'amertume de cette privation. A Paris, j'achetais souvent les journaux aux différentes heures de leur apparition, pour connaître plutôt les nouvelles, et ici je m'en voyais sevré pour près de trois mois!

Le bruit des eaux, augmentant à mesure que nous approchions des chutes, vint me distraire de ces tristes pensées; et, tout entier à l'intérêt qu'offrait un tel spectacle, j'oubliai le passé et l'avenir, pour ne m'occuper que du présent. Lorsque les eaux sont basses, et c'est à l'époque où nous nous trouvons, les cataractes du Nil ne se composent pas seulement de rapides, comme presque tous les auteurs les ont décrites, mais d'une suite de petites chutes, dont la somme arrive à faire 5 mètres 85 de différence de niveau. Un énorme câble fut attaché à l'avant du bateau; deux plus petits, de chaque côté; et trois cents hommes environ, aidés du vent, se mirent en devoir de nous remorquer. Ce serait vraiment chose très-simple que ce passage et qui mériterait à peine une description, si les Arabes employaient les bons moyens pour arriver à leur but; mais ils s'occupent beaucoup plus à montrer leurs talents, en traversant les cascades à la nage, afin d'occuper l'attention des voyageurs et de profiter de leurs générosités, qu'à tirer sur la corde. Dès que nous fûmes arrivés au pied de la première chute, le capitaine des cataractes, placé sur le haut d'un rocher, commença par lever les yeux et les bras vers le ciel. Vous pensez si cela nous fit avancer! puis il implora toute une série de prophètes, de saints, de pachas, et de fils de pachas : ce qui ne nous fit pas avancer davantage. A la fin de cette première litanie les hommes se mirent à traîner leur voix de bas en haut, en accompagnant ce cri d'un petit effort, tout juste suffisant pour empêcher le courant de nous emporter avec lui. Ensuite le capitaine releva les yeux au ciel, recommença une prière, et ainsi de suite, comme précédemment. On aurait pu leur appliquer les vers de La Fontaine sur les voyageurs du coche et de la mouche; car ce n'était non plus ni de chansons ni de bréviaire qu'il s'agissait alors, comme ils paraissaient vraiment le supposer. Vous pensez quel chemin nous parcourûmes avec de pareils moyens! le soleil allait disparaître, et nous avions à peine gravi la première des petites chutes dont j'ai parlé tout à l'heure. On décida que nous passerions la nuit dans cet endroit, et que le lendemain matin de bonne heure on continuerait le travail. Je ne le regrettai pas : car l'aspect du lieu était vraiment pittoresque. Toutes ces chutes qui nous précédaient, celle que nous avions laissée par derrière, les nombreux rapides qui nous entouraient, le peu de largeur du défilé dans lequel la cange se trouvait engagée, tout cela donnait à notre embarcation un air de perdition assez tragique, ou tout au moins de situation critique qui n'était pas sans charme. Nous ne manquâmes pas de vérifier la solidité des cordes et des attaches, avant de rentrer dans nos chambres et dans nos lits, où nous ne tardâmes pas à nous endormir, fatigués que nous étions de notre nuit sans sommeil dans l'île d'Éléphantine, et mollement bercés par le bruit monotone et plaintif des cascades.

Je crois que nous aurions mis huit jours à enjamber cette série de petits soubresauts du fleuve, si le lendemain, vers midi, voyant que les choses ne marchaient pas mieux que la veille, nous n'avions pris la résolution de commander nous-mêmes, et d'envoyer promener le capitaine des cataractes avec ses gestes et ses invocations. En deux heures le tour fut joué, et nous n'eûmes à déplorer que la perte d'un mouton, récemment acheté par le drogman pour notre nourriture. Une secousse avait jeté la pauvre bête dans le courant; nous la vîmes tournoyer, en faisant de vains efforts pour échapper à la mort dont elle était menacée, franchir assez gaillardement quelques rapides, puis, après une dernière chute du fleuve qui lui fut probablement plus funeste que les autres, disparaître tout à fait à nos yeux. Les péripéties de ce mouton furent la principale distraction de cette journée. Notre drogman seul fut affligé de cet événement, pécuniairement parlant, bien entendu.

L'aspect de l'entrée de la Nubie est encore supérieur à celui de la sortie d'Égypte. Bien qu'on ne soit qu'à 1200 mètres d'Assouan, on ne voit plus seulement des rochers, mais de vraies montagnes rocheuses, obstruer le lit du fleuve. Elles paraissent de grands géants, noirâtres et contournés, osseux et maladifs, imposants et fantastiques, surtout au clair de lune, comme il nous fut donné de les voir à notre arrivée. La nature devient enfin digne d'admiration. Le Nil, comme voulant se recueillir avant d'affronter l'épreuve de la cataracte, coule si lentement qu'il semble plutôt un lac. Qui sait d'ailleurs si, malgré son amour de la fertilisation, il ne s'attarde pas ici pour s'admirer lui-même dans un si beau séjour; et si, à la vue de l'île de Philœ, de ses monuments, de sa situation, il ne se trouve pas enchaîné à ces beaux rivages par son premier baiser?

CHAPITRE XI

LES MONUMENTS DE PHILŒ. — DEUX NOUVEAUX VENUS A BORD.

L'île de Philœ est le rêve de tout voyageur passionné. Pour beaucoup, du reste, elle est l'extrémité du voyage, le but vers lequel tendent tous les efforts depuis le départ de la Basse-Égypte. Pour nous, qui comptons nous enfoncer encore plus avant dans les contrées méridionales, ne nous laissons pas trop séduire par les charmes que nous y trouvons : pensons que nous y reviendrons un jour; renseignons-nous, dans cette première visite, sur les monuments qui la couvrent, et gardons le rêve pour le retour !

Le joli monument du sud, soutenu par quatorze colonnes aux chapiteaux épanouis, et précédé d'un quai à pic sur le Nil, est (suivant

M. Mariette) contemporain de Nectanébo II, qui ne précéda la venue d'Alexandre que de quelques années. Suivant d'autres auteurs, il serait bien plus récent : car on y verrait les cartouches de Nerva et de Trajan. Ce que j'ai remarqué dans ce temple de particulièrement élégant, c'est que la frise ne repose pas directement sur les colonnes, mais sur des prismes quadrangulaires qui surmontent les chapiteaux. Cette surélévation donne à l'ensemble une légèreté remarquable. J'ai pu admirer, du reste, cette même disposition dans d'autres monuments, à Edfou, et même à Dendérah, dont j'ai déjà parlé; mais, soit que les proportions aient été mieux gardées, soit que cette addition soit plus considérable ici qu'ailleurs, c'est dans ce temple que j'en ai été frappé pour la première fois, et c'est à son sujet que je souligne cette remarque.

Commençons maintenant, par l'extrémité méridionale de l'île, la description des monuments qui s'y trouvent placés.

D'abord, le petit temple à droite a été dédié, suivant Champollion, à Hathor, et construit par le Pharaon Nectanébo, le dernier des rois de race égyptienne, détrôné par la seconde invasion des Perses.

La grande galerie ou portique ouvert qui, de ce joli petit édifice, conduit au grand temple, est de l'époque des empereurs. Les sculptures sont du règne d'Auguste, de Tibère et de Claude. Ces deux colonnades sont assez intéressantes en ce que tous les chapiteaux sont différents : ce sont des variations de fleurs de lotus plus ou moins ouvertes ou de feuilles de palmier plus ou moins bien représentées. Plusieurs auteurs que j'avais entre les mains cherchaient à expliquer chacun à leur manière cette circonstance bizarre que ces colonnades ne sont pas parallèles, et n'aboutissent pas directement à la porte principale du grand temple. Je crois que ces savants devraient avouer là une lacune dans la chaîne de leurs connaissances. Ces colonnades devaient, ce me semble, appartenir à d'autres temples plus anciens, actuellement détruits, et sur l'emplacement desquels a été construit le grand temple d'Isis, dont nous parlerons tout à l'heure. Ne voit-on pas au Forum romain des séries de colonnades qui appartenaient à des monuments bien différents, et qu'il serait erroné de vouloir rapporter les unes aux autres? Je dois dire, du reste, que l'opinion que j'émets en ce moment m'a été dictée par les plus grands auteurs. Mais j'en ai lu d'autres, puits de science, peut-être, mais alors creux au lieu d'être profonds, qui prétendaient que cet ensemble avait été construit dans le même but et sur un même plan.

Après cette colonnade vient le premier pylône, double masse de pierre en forme de trapèze qui précédait généralement les temples, et entre les jambages duquel on trouve un propylon qui formait porte d'entrée (fig. 2). Ces pylônes servaient principalement à supporter de grands mâts à banderoles dont l'utilité, suivant l'opinion générale, était d'indiquer au loin la place exacte du temple. Ces mâts avaient donc à peu près la même destination que les clochers de nos églises, avec cette différence que chez nous on se groupe généralement autour du clocher, centre et personnification du village, tandis qu'en Égypte il y a fort peu d'exemples de villes très-rapprochées de ces mâts. Certains temples même sont placés d'une manière si bizarre, comme le temple d'Ibsamboul, par exemple, dont je parlerai bientôt, qu'on se demande vraiment comment des travaux aussi gigantesques ont été exécutés pour l'usage d'un noyau d'individus qui ne pouvait être que très-restreint, vu l'emplacement.

Ce premier pylône du grand temple d'Isis à Philœ a été élevé sous Nectanébo, et décoré sous

Ptolémée Philométor. On voit sur la face antérieure le roi exterminant des prisonniers, en présence d'Isis et d'Horus, et entre les deux masses l'humble mais glorieuse inscription française, attestant la présence de nos armées dans ces parages. Elle est ainsi conçue : « L'an VI de la république, le 12 messidor, une armée française, commandée par Bonaparte, est descendue à Alexandrie. L'armée ayant mis, vingt jours après, les mameloucks en fuite aux Pyramides, Desaix, commandant la première division, les a poursuivis au delà des cataractes, où il est arrivé le 13 ventôse de l'an VII. » Elle est simplement tracée au couteau dans la pierre, et n'occupe qu'un bien petit espace. Comme elle est différente de la pompeuse inscription italienne, commémorative d'une simple expédition scientifique, tracée en immenses lettres noires à l'entrée principale de l'édifice, de telle sorte qu'il semble vraiment que le monument lui-même ait été construit pour la gloire de ces égyptologues.

Toujours un peu artificiers, du reste, les Italiens jettent beaucoup de poudre aux yeux, font beaucoup de bruit et peu de besogne. Mon plus grand espoir est qu'ils seront *fusée* jusqu'à la fin et que leur unité, après avoir brillé quelque temps en l'air d'un éclat passager, finira par retomber dans l'ombre, aussi comme une fusée, poussée par la baguette de ceux qui ont commis la faute de leur donner l'élan, et auxquels ils n'ont envoyé que quelques brûlures en s'élevant, pour toute reconnaissance!

Entre ce premier pylône et un second semblable, qui précède l'entrée du grand temple d'Isis, il existe à droite et à gauche deux beaux édifices d'un genre particulier. Celui de gauche, dit Champollion, est un temple périptère dédié à Hathor et à la délivrance d'Isis, qui vient d'enfanter Horus. La plus ancienne partie de ce temple est de Ptolémée Épiphane, ou de son fils Évergète II. Les bas-reliefs extérieurs sont du règne d'Auguste et de Tibère. Évergète II se donne les honneurs de la construction de ce monument dans la longue dédicace de la frise extérieure. C'est un petit bijou, à mon avis, que ce temple de gauche; et, bien que nous ne soyons plus habitués à ce style, qu'il nous paraisse lourd et trop régulier, je ne blâmerais pas un architecte qui copierait absolument ce monument pour une chapelle ou une petite église. Sans doute il est massif, mais il ne manque pas d'une certaine légèreté, grâce aux colonnes qui l'entourent de toute part, et à l'élévation extrême des surtouts de chapiteaux qui soutiennent les frises. Le petit monument de droite, a été presque tout entier construit sous Philométor, à l'exception de la salle sculptée sous Tibère.

Les bas-reliefs du second pylône représentent des offrandes faites à Horus par le roi. Celui-ci apporte ses présents avec une roideur qui ne manquerait pas de me mécontenter si j'étais à la place du dieu. Quel bras tendu! quels pieds plats! et quels vêtements anguleux! Ici on pourrait constater, à mon avis, une vraie décadence dans la sculpture. Cependant aucun savant ne la mentionne; je ne sais donc quelle est l'opinion des savants sur les bas-reliefs de Philœ ; mais, puisque quelques-uns d'entre eux déprécient ceux de Dendérah, ils prisent probablement beaucoup ceux-ci; à moins que la logique ne fasse aussi partie de l'art égyptien : car alors dans ce cas l'on ne pourrait rien déduire.

Après le second pylône on entre sous le portique du grand temple. Bien que ce portique soit très-inférieur à ceux que nous avons déjà décrits à Dendérah et à Esneh, il n'est pas moins d'un effet imposant et dans de bonnes proportions. Les peintures claires dont il est recouvert, contribuent à égayer la vue d'ensemble. Est-ce le charme poétique du lieu, ou la circonstance de m'y être trouvé deux fois par la pleine lune, en montant et en descendant le Nil, qui a excité mon admiration? peut-être bien, mais ce portique restera toujours gravé parmi les meilleurs souvenirs de mon voyage.

Quant au reste du temple, il offre peu d'intérêt; les sculptures sont presque nulles, ou fort endommagées.

Avant de quitter l'île de Philœ, nous montâmes par l'escalier situé à gauche du sanctuaire jusque sur la couverture du grand temple d'Isis. Le temps était absolument calme; mais, comme nous espérions voir le bon vent se lever peu après notre retour à la cange, nous crûmes le moment venu de faire nos adieux à l'Égypte, avant de pénétrer plus avant en Nubie.

Du côté du sud, deux chaînes de montagnes dressaient leurs flancs sévères et escarpés de chaque côté du fleuve. Puis plus loin le sable, qui formait le rivage même du Nil, nous faisait pressentir, pour un temps rapproché, un pays plus brûlant et plus désolé encore que celui que nous avions sous les yeux. Aucun vestige de végétation, pas d'apparence de village ou d'habitation humaine; tout était triste et nu; mais aussi tout était grandiose et majestueux.

A cette vue, deux de mes compagnons se tournèrent vers l'Égypte aux plaines cultivées, avec un sentiment de regret. Quant à moi, beaucoup moins courageux à tous les points de vue, beaucoup moins voyageur, beaucoup moins désireux en général de pénétrer dans des pays inconnus, je voyais pourtant avec plaisir que la nature allait enfin prendre un aspect digne d'être contemplé; que dans les jours de vent et de *far-mente* il y aurait autre chose à faire qu'à penser et à lire.

Après trois jours de calme ou de khamsin qui amenèrent bien avec eux quelques heures de tristesse et de découragement, nous nous sentîmes poussés, à notre réveil, le matin du quatrième jour, par un vent favorable assez violent. Nous ne tardâmes pas à nous réunir sur le pont. Quelques changements s'étaient opérés à l'intérieur de notre maison flottante; et comme dans une cange le moindre événement prend, s'il est possible, plus d'importance encore que dans une ville de province française, je ne peux m'empêcher d'en faire part au lecteur.

Nous avions d'abord un nouveau pilote, homme vraiment extraordinaire. Doué d'une force physique peu commune, il affectait constamment des airs de douceur et même de pusillanimité enfantine qui contrastaient étrangement avec son apparence herculéenne. Connaissant à fond les caprices et les dangers du fleuve sur lequel il nous conduisait, son plaisir était de nous faire côtoyer de très-près les écueils, et de jouir de l'émotion qu'il nous procurait par là. Il dédaignait de tenir la barre du gouvernail, et, lorsqu'il y avait des manœuvres à faire exécuter, il se perchait toujours sur quelque poutre transversale, ou même sur le parapet du pont, où il savait se cramponner avec ses pieds, accroupi comme un aigle qui feint de dormir, et qui attend sa proie. Très-noir de peau, sauvage d'apparence, ses allures nous divertirent souvent, et ce fut avec une vraie peine que nous nous séparâmes de lui, lors de notre retour à Assouan.

Nous nous étions adjoint un autre compagnon qui ne manquait pas de grandes qualités, mais qui était un peu trop vieux pour le rôle de bouffon que nous lui réservions. Ce personnage, ou plutôt cette personne, car elle était du sexe féminin, était une énorme guenon au poil fauve qui nous prit en passion, probablement par dépit, vu son grand âge, mais enfin en véritable passion, que nous lui rendîmes du reste de tout notre cœur, tant ses airs penchés et ses démonstrations d'amour étaient burlesques sur ce visage entouré de poils blancs tout roides, comme celui d'un vieux professeur de septième en colère. Accablée sous le poids de l'âge et de jeûnes précédents, cette bête s'occupait exclusivement de dormir sur nos genoux et d'attraper tout ce qu'elle pouvait pour se nourrir. Le régime copieux auquel elle s'adonna lui rendit peu à peu quelque vigueur, mais ne lui ôta en rien ses besoins de tendresse. Dès qu'elle nous voyait étendus, elle sautait sur le dossier de notre divan, et commençait des recherches minutieuses dans nos cheveux et dans nos barbes. Nous nous sommes souvent demandé, sans pouvoir découvrir son mobile, dans quel but elle se livrait à cette exploration toujours infructueuse, mais toujours favorite.

Voilà, cher lecteur, les deux nouveaux venus à bord que je tenais à vous faire connaître, et qui partageront désormais nos joies, nos péripéties, nos déceptions, enfin notre existence même!

CHAPITRE XII

ASPECT DE LA NUBIE. — CHAUDE AFFAIRE. — TROIS PETITS TEMPLES.

Contempler le paysage était une occupation que je dois signaler, puisque je parle des nouveautés de tout genre survenues dans notre vie depuis la cataracte.

Au lieu de présenter au regard des plaines sans fin et toujours cultivées, la Nubie offre un aspect sauvage. Le Nil y coule entre deux montagnes de rochers qui bordent le désert, ou bien entre les dunes de sable qui forment le désert lui-même. Pas une apparence de végétation, pas un brin d'herbe ne vient égayer l'horizon toujours très-restreint, et donner à l'étranger qui passe la moindre envie de s'établir sur ces bords stériles et désolés.

Il faut bien le reconnaître, du reste, l'homme

de ces contrées ne demande pas grand'chose : car voici de quoi se compose un village nubien et de quoi se nourrissent ses habitants. Les montagnes dont je parlais tout à l'heure, et que baigne littéralement le fleuve, sont formées d'une agglomération de rochers granitiques, placés sans ordre, et tout à fait indépendants les uns des autres. Ces chaînes de montagne sont donc le résultat d'un bouleversement complet et irrégulier de la nature. Cette irrégularité ménagea, de distance en distance, des interruptions plus ou moins considérables, vallées que les indigènes appellent wadi, assez profondes pour que l'inondation du Nil puisse y pénétrer. Chacune de ces vallées peut mesurer quinze ou vingt hectares de terre, fertilisés par le limon bienfaisant du fleuve, et sur lesquels vit une population plus ou moins considérable, suivant la grandeur du wadi. Les habitations se composent de quatre murs, non pas en boue sèche, comme en Égypte (car ici la terre est trop précieuse pour être affectée à cet usage), mais en blocs de rochers placés les uns sur les autres sans ordre et sans mortier. Quelques-unes de ces habitations, les plus fastueuses, sont recouvertes d'un paillasson; mais la plupart sont sans abri.

Voilà pourtant ce qui peut suffire à l'homme pour naître, vivre, mourir, aimer, je dirai même pour être heureux : car ces gens-là, n'ont-ils pas constamment devant eux le courant du fleuve, auquel ils pourraient si facilement s'abandonner pour partir? Pourquoi ne le font-ils pas? c'est qu'ils aiment aussi leur pays natal, bien qu'il suffise quelquefois d'une heure pour en faire le tour; c'est que les quatre murs de leurs maisons, souvent moins hauts qu'eux-mêmes, n'en sont pas moins pour eux le foyer et la famille, ce chez-soi qu'on apprécie surtout lorsqu'on est en voyage, et que rien, pas même les séductions les plus éclatantes, ne saurait faire oublier.

Quant à leur costume, il sera bientôt décrit. Celui des hommes est de ne pas en avoir; et celui des femmes consiste dans cette espèce de chasse-mouches en cordes dont nous avons déjà donné un spécimen à l'île d'Éléphantine. Souvent des coquillages du Nil sont attachés à ces cordes, les tendent par leur poids, et ainsi leur font remplir d'une manière plus complète le but auquel elles sont destinées. Ces indigènes, hommes ou femmes, se passent des anneaux dans le nez, dans la joue, dans le haut des oreilles, ce qui augmente leur air sauvage.

Voilà, ami lecteur, le pays que j'ai maintenant à vous faire parcourir avec moi; voilà le milieu dans lequel nous allons vivre, la population avec laquelle nous serons en rapport quand les circonstances nous forceront à mettre pied à terre; population douce et sans mauvais instincts, mais aussi sachant profiter de l'éloignement du joug despotique du gouvernement égyptien, et par conséquent ne craignant pas de défendre ses droits à main armée, fût-ce contre un délégué du vice-roi.

Je vais raconter à ce sujet une aventure qui nous est arrivée au Wadi-Taphah, distant à peu près de 25 lieues d'Assouan. Nous avions visité le petit temple de la rive gauche, dont je ne dirai rien, car il est sans inscriptions, sans intérêt, et aujourd'hui presque ruiné; il fallait attendre le bon vent pour franchir le passage qui suit Wadi-Taphah: car les rochers qui bordent le fleuve sont tellement à pic en cet endroit, qu'il est impossible de remorquer la cange à la cordelle: nous n'avions donc rien de mieux à faire que de partir pour la chasse. Au bout de quelques pas, un grand champ de blé mûr s'offrit à nos yeux. Convaincus qu'il devait cacher une quantité importante de cailles, nous y pénétrâmes, pensant que, comme en Égypte, nous pouvions le faire en toute liberté, sans le consentement du propriétaire, et sans crainte des gendarmes ni de la loi. Cette licence m'avait souvent entraîné dans des considérations relatives aux différents modes de gouvernement. J'avais pensé que bien des libertés manquaient sous le régime libéral, tandis que le despotisme en ramenait souvent avec lui. Grave question, trop grave pour que je la traite ici, surtout à propos de cailles.

Que de fois, pourtant, dans les jours de bon vent, ou dans les heures chaudes des jours d'arrêt, pendant lesquelles il n'y avait qu'à s'étendre et à réfléchir, ai-je eu la démangeaison de vous placer près de moi, ô aimable lecteur, qui avez eu le courage de me suivre jusqu'ici, et de vous prendre à partie sur vos opinions politiques, sociales ou religieuses! Depuis que vous parcourez ce livre, vous avez pu saisir quelques-unes de mes appréciations personnelles sur les hommes et sur les choses. Je trouverai peut-être encore l'occasion de m'ouvrir à vous davantage, de vous dire plus complétement ma façon de penser, de médire encore des Italiens, par exemple, si j'en trouve l'occasion; peuple dont je ne comptais pourtant pas parler à propos de Wadi-Taphah et d'une chasse aux cailles.

Mais vous, depuis le temps que nous causons ensemble, que pensez-vous de ce que je pense? Que pensez-vous de ce que j'écris? Cette question, je me la pose souvent, et elle m'a préoccupé, je l'avoue. Vous aurais-je jamais blessé dans vos convictions; ou bien nos deux cœurs auraient-ils quelquefois battu dans une communauté d'idées et de sentiments?

En me lisant jusqu'ici, vous avez fait preuve de courage et de patience; mais j'ai beau me creuser la tête, je ne peux déduire de ces deux qualités grand éclaircissement sur vos idées intimes. Pourtant, en y réfléchissant sérieusement, votre courage suffit pour me prouver que vous n'êtes pas communard, ce qui vous exclut déjà d'une catégorie malheureusement trop nombreuse; votre dose de patience indiquerait qu'au besoin vous seriez digne de commander aux hommes, car il en faut une bien réelle, entre nous, pour gouverner ses semblables. Je vous en félicite, monsieur, et j'en félicite la France, qui n'est peut-être pas aussi dénuée d'hommes qu'elle aurait pu le penser.

Mais la direction des affaires d'un pays suppose haute intelligence, grand discernement, sain jugement des hommes et des choses. Je vous demanderai donc, ami lecteur, votre opinion sur notre conduite et sur celle des habitants de Wadi-Taphah, à propos de la circonstance que je vais vous conter.

Vous savez déjà qu'en Égypte nous avions droit de pénétrer partout : blé mûr, maïs, coton, canne à sucre, rien ne pouvait arrêter notre marche guerrière. C'est là un abus, je le veux bien, mais c'est un abus toléré par tout le monde. Or la Nubie est soumise en réalité au même gouvernement que l'Égypte. Le vice-roi prélève des impôts à Wadi-Taphah, comme ailleurs; comment donc pouvions-nous supposer des usages tout à fait différents?

Quoi qu'il en soit, les habitants voulurent s'opposer à notre entrée dans le blé mûr. Nous y pénétrâmes alors tous les quatre de front : c'était appliquer en petit la théorie des grandes masses de M. de Moltke. Notre tactique réussit d'abord : quelques cailles s'élevèrent, furent abattues et placées dans la gibecière. Mais, de l'autre côté, l'exaspération devenait de plus en plus vive. Un coup de fusil, involontairement tiré par un de mes compagnons dans la direction du village, fit éclater le volcan qui grondait sourdement.

Un des habitants feignit d'avoir été touché : il devint immédiatement le héros du pays. Les habitants de Wadi-Taphah, hélas ! comme beaucoup de ceux de nos villes et de nos villages, n'étaient pas encore blasés sur les comédies des gens de cette espèce, et s'il y avait eu des élections le lendemain, je suis sûr que notre faux blessé eût immanquablement été choisi à l'unanimité, comme maire ou député, pour avoir eu simplement l'esprit de faire croire à ses électeurs qu'il avait un plomb dans la tête. Mais chez les Égyptiens, grâce à Allah, qui, par là, me fait assez l'effet de s'occuper de leurs affaires, le suffrage universel ne fleurit pas encore. Aussi leur enthousiasme dégénéra en colère, et ce fut contre nous qu'elle se déchaîna. Pieux, bâtons, instruments de toute sorte, parurent bons à ces exaltés pour marcher à l'ennemi, venger leur frère et protéger leurs cailles. Pendant ce temps les femmes se mirent à pousser des cris aigus dans le lointain. Tableau! Un seul se garda bien de suivre ses camarades, le faux blessé, qui, dolent et immobile, savait recueillir toute la gloire de la journée, sans s'exposer aux égratignures.

Et nous, Français, qui avions la prétention d'avoir fourni les types originaux en cette adroite catégorie de notre pauvre espèce humaine! O chefs prudents de certaines insurrections, vous ne pensiez pas trouver un sosie entre deux cataractes du Nil! Il est vrai que les sauvages de Wadi-Taphah sont également les sosies de toutes les dupes en cette matière dans notre pauvre patrie! Hélas! hélas! qui pourrait les compter! Que de sauvageons nous avons en France!

A l'approche de nos ennemis, nous mîmes en joue : cette attitude refroidit leur vaillance. Pendant ce temps, nos hommes arrivèrent, armés de pied en cap, et chacun suivant sa profession. Nous ne pûmes nous empêcher de rire à leur aspect. Les matelots portaient les gaffes avec lesquelles parfois ils remorquaient la cange. Le valet de chambre tenait un énorme balai; le cuisinier dégaînait un coutelas à dépecer les moutons; son aide, ordinairement chargé des exécutions, brandissait sa hache : on eût dit un bourreau dans tout le feu de ses fonctions; le capitaine levait son grand bâton de commandement, et le drogman ne portait rien : ce dernier eût pu aussi, je crois, tenir une certaine place parmi les élus du suffrage universel.

Vous voyez, cher lecteur, que dans chaque camp se trouvait l'homme, l'homme du moment, qui sait enlever les masses, qui, dans notre cas, aurait pu sauver une situation trop tendue en commandant ce qu'il a toujours si bien su commander : la fuite ; c'était d'ailleurs pour nous le meilleur parti à prendre.

Nos hommes se conduisirent bravement. Notre pilote surtout eut les honneurs de la journée : il pénétra seul dans les rangs ennemis et sut y causer le désordre. Nous en profitâmes pour regagner la cange, que les matelots éloignèrent, en s'aidant des gaffes, en tirant sur l'ancre qu'ils allaient fixer plus loin à l'aide de la petite barque, enfin de toutes les façons possibles, jusqu'à ce que nous fussions hors de la portée des flèches et même des cris.

Voyez, ami lecteur, ce que vous feriez si vous étiez au pouvoir. Cela vaudrait peut-être la peine d'envoyer à Taphah une pompe à incendie, pour amortir de si bouillantes ardeurs ; ceci vous regarde, je vous laisse à votre gouvernement, et je continue mon récit. La fin de la journée ne présenta aucun incident qui mérite d'être raconté. Je dirai simplement pour ceux qui feraient après nous ce voyage, que les noms écrits en gros caractères noirs sur un des rochers à pic qui dominent le fleuve en cet endroit, furent tracés non sans peine par un de mes amis, au lieu où nous nous arrêtâmes, le soir de cette glorieuse retraite.

J'épargne au lecteur l'ennui des jours qui suivirent. Un vent contraire presque permanent ralentit notre marche. De temps en temps, comme devant Kalabscheh, par exemple, il tournait un peu ; mais si peu que la voile devait être mise absolument sur le côté pour nous faire avancer : encore étions-nous souvent jetés sur le rivage. Quelquefois l'approche de moussons nous annonçait un coup de vent plus violent. Un cri était poussé par le capitaine, afin d'avertir le matelot de garde de lâcher la voile à temps pour diminuer la prise qu'il aurait eue sur nous sans cela. Souvent la manœuvre mal exécutée manquait de nous faire chavirer, et de terminer tout d'un coup notre voyage. Nous eûmes donc besoin de patience pendant ces jours, où nous avions l'ennui de ne pas avancer, et où nous étions privés de la consolation d'une vie tranquille et exempte d'inquiétude. Ce fut dans ces dispositions que nous visitâmes les trois petits temples de Dandour, Dakkeh et Maharakkat, dont je ne vais dire que quelques mots, vu leur peu d'importance.

Le temple de Dandour, bien qu'il soit le moins grand des trois que je viens de nommer, et celui sur lequel il y ait le moins à dire, est pourtant le plus gracieux et le plus agréable à visiter. Placé sur le penchant de la colline qui borde le fleuve, il domine un pays assez pittoresque, je dirai même gai, surtout en comparaison des autres paysages que l'on a à admirer en Nubie. La disposition générale des grands temples dont ce monument se pare, malgré sa petitesse, le fait un peu ressembler à un spécimen d'étagère que l'on serait tenté d'emporter avec soi comme modèle. Il est de l'époque d'Auguste et présente des sculptures relatives à l'incarnation d'Osiris. Le docteur Leipsius prétend qu'il est dédié à un dieu particulier, nommé Pitisi, qui ne se retrouve nulle part ailleurs.

Quant au temple de Dakkeh, que j'apprécie beaucoup moins, parce qu'il singe le grandiose sans atteindre son but, voici ce qu'en dit Champollion : « La partie la plus ancienne de ce temple a été construite et sculptée par le plus célèbre des rois éthiopiens, Ergamènes, qui, selon le récit de Diodore de Sicile, délivra l'Éthiopie du gouvernement théocratique en faisant égorger tous les prêtres du pays : il n'en fit pas sans doute autant en Nubie, puisqu'il y éleva un temple ; ce monument prouve aussi que la Nubie cessa d'être soumise à l'Égypte dès la chute de la vingt-sixième dynastie, celle des Saïtes, détrônée par Cambyse, et que cette contrée passa sous le joug des Ethiopiens jusqu'à l'époque des conquêtes de Ptolémée Évergète II, qui la réunit de nouveau à l'Égypte. Aussi, le temple de Dakkeh, commencé par l'Éthiopien Ergamènes, a-t-il été continué par Évergète Ier, par son fils Philopator et son petit-fils Évergète II. C'est l'empereur Auguste qui a poussé, sans l'achever, la sculpture intérieure de ce temple. » Leipsius croit que ce monument était dédié à Horus, contrairement à Champollion, qui le croyait dédié à Toth ; il prétend aussi y avoir trouvé des restes de monuments de Séti Ier.

Le temple de Maharakkat n'a aucun intérêt, tel qu'il est construit ; mais la simplicité de son style ne manquerait pas d'un certain grandiose dans d'autres proportions. Il paraît dater des derniers temps de l'occupation romaine. Une inscription grecque montre qu'il était dédié à à Isis et à Sérapis. La seule particularité de ce temple est qu'on y voit un escalier en colimaçon qui conduit sur la terrasse : ce qui est bien rare, et peut-être unique dans les monuments égyptiens. Je citerai aussi un tableau de ce temple qui, d'après Lenormant, représente Isis assise sous les arbres de Biblos et déplorant la mort d'Osiris : le jeune Horus s'approche d'elle. « Cette sculpture, ajoute le savant, n'a pu être exécutée avant le ve siècle de l'ère chrétienne. » Je suis obligé d'ajouter qu'une telle affirmation est peu flatteuse pour le ve siècle; j'offre cependant ce bas-relief au touriste, parce qu'il n'y a pas autre chose à Maharakkat, et que le plus beau temple du monde ne peut donner que ce qu'il a.

Pour nous rendre de l'un à l'autre de ces temples, nous eûmes constamment vent contraire. Le temps nous paraissait épouvantablement long. Les journées ressemblaient à celles qui avaient précédé notre visite à la grotte des Crocodiles, journées pleines de monotonie, de tristesse et de découragement.

CHAPITRE XIII

KOROSKO. — LES TEMPLES ET LES COLOSSES D'IBSAMBOUL.

Au milieu de l'ennui qui commençait à nous assaillir, nous n'avions qu'une espérance, la ville de Korosko. On nous en avait parlé comme d'un centre de commerce important. Nous lisions que Korosko était le point de départ et d'arrivée des caravanes qui prenaient la route du désert pour aller à Kartoum et au Nil blanc. C'était du reste la première ville nubienne un peu importante que nous devions rencontrer sur notre passage. Là nous comptions voir des visages humains sortir de ces grandes solitudes que nous venions de parcourir ; enfin , notre imagination aidant, nous avions fait par avance de Korosko une ville de luxe et de plaisirs, une vraie Capoue, dans les délices de laquelle nous résolûmes de rester jusqu'à ce qu'un vent favorable daignât venir nous emporter avec lui.

Nous y arrivâmes vers neuf heures du soir ; la lune ne brillait plus depuis quelques jours ; la nuit était sombre : nous ne pûmes résister cependant au désir d'aller visiter immédiatement la ville. Nous gravissons la berge du fleuve, très-haute et très-escarpée en cet endroit. Notre étonnement n'est pas mince de n'apercevoir aucune lumière étinceler dans la nuit, ni rien qui fasse soupçonner l'approche d'une grande cité. Nous avançons : rien encore ne frappe nos regards ; seulement, au bout de quelques instants, nos pas sont ralentis par une résistance presque insurmontable ; il devient impossible d'avancer. Après examen de la situation, nous reconnaissons que nous sommes au milieu du blé le plus mûr, le plus dru que l'on puisse imaginer : à l'endroit où nous nous trouvions, il était même couché par le poids de l'épi, et c'est pour cela qu'il avait obstrué notre marche.

Le lecteur s'imagine probablement que nous nous étions trompés de route, et que, pour une description de ville, je lui sers, en ce moment, l'histoire de la simplicité de quatre voyageurs qui eussent certainement pris le Pirée pour un nom d'homme, puisqu'ils prenaient un champ de blé pour une ville, et une des plus importantes de Nubie. Détrompez-vous, lecteur ; car nous étions bel et bien dans le plus populeux et le plus commerçant quartier de Korosko ; mais seulement quand la ville existe. Korosko est en effet le lieu d'arrivée des caravanes ; mais, à part un petit village formé de deux ou trois cahutes comme celles que j'ai décrites ailleurs, la ville proprement dite ne se compose que de ces caravanes elles-mêmes, au moment où elles campent, soit pour attendre la cange sur laquelle elles doivent gagner le Caire, soit pour charger les chameaux avant de traverser le désert.

Nous apprîmes tout cela sur place, au milieu de notre champ de blé, par une conversation qui s'engagea en italien entre nous et un individu que nous y rencontrâmes ; j'aurais par exemple donné bien cher pour savoir ce qu'il y faisait. « Korosko, s'il vous plaît ? — C'est ici ! » Voyant qu'il prenait en riant notre étonnement, je continuai le dialogue en lui demandant le chemin de la préfecture. Comprenant à merveille la plaisanterie, il me répondit sans se déconcerter : « La première rue à gauche et toujours tout droit. »

Nous revînmes à la cange, riant aux éclats des répliques de cet intelligent Arabe, qui, ayant parcouru l'Italie et l'Allemagne, avait compris notre étonnement à la vue de cette ville, à laquelle au moins personne ne peut faire le reproche de n'être pas aérée, mais qui nous sourit bien moins que ne l'eût fait le plus petit hameau du plus petit canton de France.

Jugez, en effet, cher lecteur, de notre désappointement. Après avoir rêvé toutes les distractions d'une grande ville, nous ne trouvions que la campagne la plus noire et la plus isolée. Cette soirée, que nous nous étions imaginé devoir passer dans des rues, des places, des bazars, des quartiers d'almées, enfin au milieu de la joie que l'on ressent à voir des hommes quand on en a été privé longtemps, nous la voyions s'écouler dans un champ de blé où tous les êtres vivants à considérer pouvaient être des cailles endormies ou des coléoptères.

Pendant le grand coude que fait le fleuve entre Korosko, ou du moins la place occupée quelquefois par cette ville, et Derr, qui est vraiment la capitale de la Nubie, le vent ne vint pas davantage à notre aide. Nous passions notre temps à faire des hécatombes de tourterelles, que nous donnions aux matelots ; nous tirions des oiseaux-mouches à balle pour juger de notre adresse, et je dois dire qu'il ne nous est pas arrivé une fois de les atteindre ainsi; nous nous livrions surtout avec les enfants du pays à un jeu qui les divertissait beaucoup. Ce jeu consistait à placer un sou par terre à portée de la morsure de notre vieille guenon, qui, merveilleusement soignée par nous, était devenue féroce pour tous les Arabes. Le grand désir que ressentaient ces enfants d'attraper la pièce, joint à la peur d'être mordus, donnait à leur physionomie une suite d'expressions toujours charmantes et toujours intéressantes à contempler. J'ai remarqué que les plus hardis, les seuls du reste qui osaient braver la morsure de la guenon, étaient presque tous excités par le désir d'atteindre un même but : celui d'offrir triomphalement leur prise à une des petites filles du village se tenant timide et silencieuse par derrière. Pour le pays un acte pareil était presque un contrat de mariage ; aussi rien ne pouvait dépasser la grâce, l'élan, la joie de celui qui donnait, si ce n'est la timidité et la candeur de celle qui recevait. Tout cet ensemble formait un tableau plein de poésie. Ce sou et cette guenon nous dévoilèrent ainsi bien des secrets, bien des caractères, bien des affections enfantines, bien des romans naissants. Aussi ce jeu devint-il, à partir du moment où nous l'eûmes inventé, notre passetemps favori.

Mais les jours se succédaient et le vent ne voulait jamais nous être favorable. Les matelots découragés, fatigués par la chaleur, n'avançaient à la cordelle que d'une manière insignifiante. Nous louvoyâmes dans ces parages jusqu'au 20 ou 25 avril, époque à laquelle commencent les vents réguliers et permanents du nord. Nous fûmes alors certains de remonter facilement jusqu'à Wadi-Halfa, mais aussi d'avoir constamment vent contraire pour la descente.

Comme c'était inévitable, notre parti fut bientôt pris, et, tendant les deux voiles, nous continuâmes gaiement notre route sans nous arrêter, jusqu'aux deux temples d'Ibsamboul, que je prie le lecteur de vouloir bien visiter avec moi.

Le nom hiéroglyphique d'Ibsamboul se prononçait : Ibschak. Le mot grec πόλις ajouté à ce nom a fait Ibschak ou Ibsapolis, que les Arabes ont prononcé Ibsamboul et même Abou-Samboul. C'est par une même déduction que Constantinople, qui en grec se disait : ἐς τὴν πόλιν, la ville par excellence, a été appelée Stamboul par les Turcs.

Nous sommes ici devant ce que l'art égyptien a produit de plus énorme et de plus prodigieux comme grandeur. C'est, du reste, il faut bien le dire, par la hauteur même de leurs colosses à l'extérieur et de leurs cariatides à l'intérieur que ces temples sont principalement curieux. Encore faut-il ajouter que, sauf ce qui concerne l'harmonie des proportions, assez habilement respectée, la difficulté vaincue pour les créer a été beaucoup moindre qu'on ne pourrait se l'imaginer tout d'abord, puisqu'ils sont taillés dans la montagne elle-même.

C'est une grande et belle idée, je le reconnais, pour honorer Dieu, que de se servir de son œuvre, que de creuser une montagne en église, et de placer au sein même de la création le sanctuaire du Créateur. C'est aussi une belle idée et une belle science que d'associer le grand et le grandiose en architecture, principalement quand on s'adresse à Dieu. En cela j'estime et j'admire l'architecte égyptien qui a su inspirer des imitateurs dans les plus grandes époques artistiques; mais, à part l'idée, à part les proportions gardées, je tiens à avertir le lecteur de ne pas trop s'émouvoir à la pensée de ces quatre colosses assis de vingt-neuf mètres de haut qui décorent l'entrée du grand temple d'Ibsamboul.

D'abord ces immenses monolithes n'ont jamais été transportés : voilà pour désenchanter les ingénieurs; puis ils sont vraiment trop grossiers de forme, avec leurs jambes toutes rondes, leurs bras roides et leurs pieds plats, pour qu'on puisse les admirer sans retour : voilà pour désillusionner les artistes. C'est, en somme, une œuvre gigantesque de praticiens; c'est le bloc le plus énorme qu'on ait jamais dégrossi, puisque, au lieu d'avoir à travailler un fragment détaché de la carrière, c'était la montagne elle-même qu'il s'agissait de scupIter.

Donc, en refusant seulement à ces deux temples ce qui étonne dans beaucoup de monuments égyptiens, c'est-à-dire la difficulté de transport des matériaux et la force presque féerique des machines qui ont du être employées à leur construction, on peut dire d'Ibsamboul que c'est une merveilleuse et sublime conception, un grand et immense travail, que les ouvriers ont encore assez bien exécuté pour l'époque.

Figurez-vous donc, ami lecteur, une montagne rocheuse à pic, ou plutôt rendue à pic par le travail des Égyptiens; puis quatre colosses assis de vingt-neuf mètres de haut, et, voilà précisément où est le grand travail, assez détachés de la montagne, pour ne tenir à elle que par le dossier de leur siége. Imaginez alors la quantité de rocher qu'il a fallu tailler et faire disparaître, si vous pensez à la distance qui doit exister entre les genoux et la hanche de personnages de cette grandeur; distance qui a dû nécessairement être prise dans l'épaisseur de la montagne, puisque ces colosses sont représentés assis. C'est, en y réfléchissant, presque prodigieux de main-d'œuvre et de patience.

La porte d'entrée par laquelle on pénètre dans l'intérieur du temple a environ 15 mètres de haut. La première salle, la plus belle de toutes, est aussi celle dont on se rend le mieux compte, éclairée qu'elle est par la large ouverture de la porte d'entrée. Vraiment digne de la façade qui la précède, cette salle est soutenue par huit piliers carrés, contre lesquels sont adossés autant de colosses de 19 mètres chacun. Ce qu'il y a de plus intéressant dans cette chambre, ce sont les bas-reliefs peints. Quoique beaucoup moins beaux que ceux d'Abydos, on n'a pas besoin d'être très-versé dans la science égyptienne pour reconnaître qu'ils sont à peu près de la même époque. Aussi les visitâmes-nous avec le plaisir que l'on ressent à retrouver une ancienne connaissance. Après les portraits, que je recommanderai principalement aux touristes, les types de femme, rappelant la Cléopâtre de Jérôme, qu'on regarde toujours avec plaisir, voici d'après Champollion les tableaux les plus remarquables du grand temple d'Ibsamboul. « On doit admirer, dit le célèbre savant :

« 1° Ramsès le Grand, sur un char dont les chevaux sont lancés au grand galop. Il est suivi de trois de ses fils montés aussi sur des chars de guerre. Il met en fuite une armée assyrienne et assiége une place forte.

« 2° Le roi à pied venant de terrasser un chef ennemi et en perçant un second d'un coup de lance. Ce groupe est d'un dessin et d'une composition admirables.

« 3° Le roi assis au milieu des chefs de l'armée. On vient lui annoncer que ses ennemis l'attaquent. On prépare le char du roi, et des serviteurs modèrent l'ardeur des chevaux, qui sont dessinés ici comme ailleurs dans la perfection. Plus loin on voit l'attaque des ennemis montés sur des chars de guerre et combattant sans ordre une ligne de chars égyptiens méthodiquement rangés. Cette partie du tableau est pleine de mouvement et d'action : c'est comparable à la plus belle bataille peinte sur les vases grecs, que ces tableaux nous rappellent involontairement.

« 4° Le triomphe du roi et sa rentrée solennelle, debout sur un char superbe, traîné par des chevaux marchant au pas et richement caparaçonnés. Devant le char sont deux rangs de prisonniers africains, les uns de race nègre, et les autres de race barabra, formant des groupes parfaitement dessinés, pleins d'effet et de mouvement.

« 5° Enfin le roi faisant hommage de captifs de diverses nations aux dieux de Thèbes et à ceux d'Ibsamboul. »

Mais ici, comme ailleurs, à mon avis, le vrai charme est d'errer au hasard dans cette prodigieuse excavation qui comprend seize chambres; de parcourir ce temple énorme où la lumière ne pénètre même pas, comme à Dendérah, par d'étroites ouvertures; où l'obscurité la plus complète règne de toutes parts. De quelle vie vivaient donc les prêtres auxquels un pareil souterrain servait d'habitation? Quelles étaient donc ces croyances et ces cérémonies qui avaient besoin de s'entourer d'un semblable mystère et d'une nuit si profonde? Je te félicite, ô science égyptienne, des découvertes si nombreuses que tu as déjà su faire; mais ne t'arrête pas, de grâce, en si bon chemin : car il te reste, ce me semble, quelque chose à apprendre. Bien que tu nous aies donné des raisons du mode de construction des temples égyptiens, je regrette de rester persuadé que tu ne vois pas encore très-clair dans cette obscurité-là.

Quant au petit temple, voici ce qu'en dit Champollion : « La plus petite de ces excavations est dédiée à Hathor par la reine Nofré-Ari, femme de Ramsès le Grand ; elle est décorée extérieurement d'une façade contre laquelle s'élèvent six colosses de trente-cinq pieds chacun, taillés aussi dans le roc, représentant le Pharaon et sa femme, ayant à leurs pieds l'un ses fils, l'autre ses filles avec leurs noms et titres. Ces colosses sont d'une excellente sculpture, leur stature est svelte, et leur galbe est très-élégant. »

Je respecte trop l'autorité et la science profonde de Champollion pour me permettre d'ajouter quoi que ce soit au jugement qu'il a émis sur les colosses du petit temple d'Hathor. Je ne me permettrais pas surtout de le blesser dans ses admirations et dans ses amours. Puisque la reine Nofré-Ari du petit temple d'Hathor a du galbe à ses yeux, je me garderai bien de la trouver affreuse et informe, ce que j'aurais pourtant été tenté de faire, sans l'infaillible opinion du perspicace lecteur des hiéroglyphes égyptiens.

Le célèbre savant ajoute qu'à droite de ce petit temple, on a sculpté sur le rocher un grand tableau, où figure un prince éthiopien présentant au roi Ramsès le Grand l'emblème de la victoire, avec la légende suivante en beaux caractères hiéroglyphiques :

« Le royal fils d'Éthiopie a dit : Ton père, Ammon-Ra, t'a doté, ô Ramsès, d'une vie stable et pure; qu'il t'accorde de longs jours pour gouverner le monde, et pour contenir les Lybiens à toujours. »

Champollion déduit de cette même inscription une note curieuse au point de vue historique : « Il paraît donc, dit-il, que de temps en temps les nomades d'Afrique inquiétaient les paisibles cultivateurs de la vallée du Nil. Il est fort remarquable, du reste, que je n'aie trouvé jusqu'ici sur les monuments de la Nubie que des noms de princes éthiopiens et nubiens, comme gouverneurs du pays sous le règne même de Ramsès le Grand et de sa dynastie. Il paraît aussi que la Nubie était tellement liée à l'Égypte, que les rois se fiaient complétement aux hommes du pays même pour le commandement des troupes. Je puis citer en preuve une stèle encore sculptée sur les rochers d'Ibsamboul, et dans laquelle un nommé Maï, commandant les troupes du roi en Nubie et né dans la contrée de Ouaou (une des provinces de Nubie), chante les louanges du Pharaon Mandoué Ier, le quatrième successeur de Ramsès le Grand, d'une manière très-emphatique. Il résulte aussi de plusieurs stèles que divers princes éthiopiens furent employés en Nubie par les héros de l'Égypte. »

Nous descendîmes du temple d'Ibsamboul à la cange le plus promptement que cela nous fut possible : car nos pieds étaient littéralement grillés par la chaleur du sable dans lequel il nous fallait marcher. Les environs d'Ibsamboul sont du reste regardés comme la partie la plus chaude que l'on ait à traverser pour remonter jusqu'à la seconde cataracte. Bien que je n'aie pas besoin de l'autorité d'un savant pour constater une température, je dirai que Champollion lui-même s'est beaucoup plaint de celle qu'il lui a fallu supporter pour faire ses recherches en cet endroit. Nous plongeâmes par curiosité notre thermomètre dans le sable, et en peu d'instants le mercure gravit toute la colonne de verre jusqu'au sommet, qui marquait 70 degrés centigrades. Nous le retirâmes bien vite, de peur de le voir éclater; mais je reste convaincu qu'il serait parvenu à marquer 80 degrés environ, s'il en avait eu la capacité. Le lecteur s'expliquera ce que j'avance en songeant que le sable est une des matières les moins conductrices du calorique et par conséquent une de celles qui conservent le plus longtemps leur température. Ces 80 degrés dont jouissait le sol du désert d'Ibsamboul résultaient donc de la chaleur dont le soleil l'avait gratifié dans la journée, additionnée à celle des jours précédents.

Vous pensez alors, ami lecteur, s'il nous tardait de fouler le plancher de la cange, et avec quelle vitesse nous descendîmes la colline de sable qui devait nous y mener.

Dès notre arrivée, la voile fut tendue et nous commençâmes la dernière étape qu'il nous restait à parcourir pour arriver au terme de notre marche vers le sud. La conversation qui s'engagea entre nous après notre départ résume parfaitement l'impression que produit au moins à mon avis le grand temple d'Ibsamboul. Les proportions que pouvaient avoir le nez, la bouche, les bras, les jambes des colosses de l'entrée ou des cariatides de l'intérieur faisaient seules les frais de la conversation. Je doute que nous ayons prononcé une fois le mot architecture ; à plus forte raison n'a-t-il pas été question de grâce, de style, d'élégance, de mode de construction. Le temple d'Ibsamboul n'est donc, comme les pyramides, qu'un phénomène de grandeur, une curiosité cyclopéenne sans charme. Décidément l'art est plus moderne que les dynasties égyptiennes, et à part la sculpture, qui s'est épanouie en Grèce et à Rome dans toute sa sublime beauté, il faut attendre jusqu'au moyen âge pour trouver des œuvres vraiment dignes d'une complète admiration.

Je n'ai pas voulu fatiguer le lecteur par des descriptions trop longues des monuments que nous avons déjà visités ensemble ; mais c'est en Égypte que l'on peut vraiment constater jusqu'où peut aller dans l'art la naïveté de la conception et la simplicité de l'exécution. C'est principalement en parcourant Thèbes que je m'étendrai en détail sur l'art égyptien ; qu'il me suffise de faire voir dès maintenant comment les bas-reliefs répondent ordinairement aux pompeuses explications de certains savants. J'ai souvent dit avec eux par exemple que tel bas-relief représentait le roi exterminant les prisonniers après la guerre. Voici comment cet acte de justice est généralement rendu (fig. 3)

Le roi, placé sur un pied à l'exemple du Mercure antique, brandit, de la main droite, une arme composée d'un long bâton terminé par une boule. De la main gauche, il soulève par les cheveux vingt-cinq ou trente personnages, qui, loin de se défendre, prennent tous au contraire l'attitude de la prière et du désespoir. De ces vingt-cinq ou trente prisonniers, on n'en voit à la vérité qu'un seul qui, soutenu par ses longs cheveux, ayant les bras et les jambes en l'air, prend un peu l'aspect du Polichinelle de nos foires. Vingt-cinq ou trente raies voisines sont tracées parallèlement à la tête, aux bras, au corps, aux jambes de cet individu, et servent seules à représenter les autres prisonniers. Voici, ce me semble, une manière vraiment naïve de figurer un groupe. Avec le bâton qu'il tient en main, le roi se prépare à assommer d'un coup tous ces prisonniers soumis, qui n'auraient pourtant qu'à s'arracher les cheveux de désespoir pour échapper à leur captivité et au danger qui les menace.

Je pourrais dépeindre encore d'autres bas-reliefs égyptiens ; mais je ne sais comment je suis arrivé à parler même de celui-là à propos d'Ibsamboul, qui n'en possède aucun de cette espèce. Je terminerai ma description en citant ce qui intéresse le plus dans ce temple, c'est-à-dire quelques proportions des colosses. Je n'ai pas mesuré moi-même ces distances, je les emprunte à l'excellent ouvrage de M. Maxime du Camp.

Circonférence de la tête au dessus de l'urœus	7 m. 30 cent.
Largeur de la tête d'une oreille à l'autre.	4 m. 40 cent.
Longueur du nez	1 m. 20 cent.
Largeur du nez aux narines .	1 m. 05 cent.
Longueur de l'avant-bras .	4 m. 55 cent.
Longueur des mains . . .	2 m. 45 cent.

CHAPITRE XIV

UNE DÉLIVRANCE. — CHASSE A UN MARIÉ PAR DES CÉLIBATAIRES. — WADI-HALFA.

Notre visite aux temples d'Ibsamboul était donc absolument terminée. La cange filait fière et rapide comme si elle eût compris qu'elle touchait au terme de son voyage. Les matelots, au lieu de tirer à la cordelle, étaient heureux de confier leur besogne au vent. Le drogman pressentait qu'il aurait encore de longs jours à rester avec nous. Le capitaine se réjouissait de pouvoir goûter encore longtemps à notre cuisine. Tout le monde était donc satisfait à bord, même nous, qui jouissions depuis quelque temps d'un repos que je ne peux passer sous silence, tant il nous donnait de satisfaction.

Il est bien difficile d'aller dans les pays

chauds sans y rencontrer une population fort nombreuse d'insectes de tout genre, ailés ou non ailés, venimeux ou non venimeux, mais uniformément très-désagréables, qui, ne suivant pas du tout l'exemple des humains, leurs compatriotes, ne sont ni indolents ni paresseux, et savent si bien alterner leur sommeil qu'ils ne cessent de torturer, ni le jour ni la nuit, le pauvre étranger qui a osé s'aventurer dans leurs états. En Égypte, à tous les autres insectes s'ajoute encore une quantité innombrable de mouches, très-petites en comparaison de celles de nos climats, mais qui ont la détestable habitude de rechercher pour nourriture l'humidité des yeux. Les indigènes renoncent à s'en débarrasser, parce que cela deviendrait alors leur occupation unique et constante : aussi en voit-on quelquefois dont le regard disparaît absolument sous cet essaim de sybarites en goguette. Mais les Européens sont trop égoïstes pour permettre que dans leurs propres larmes des êtres vivants trouvent la nourriture et la joie; aussi passions-nous notre temps à les chasser de nos yeux. Je n'exagère pas en disant qu'il m'est arrivé plusieurs fois d'être obligé de saisir ces petites gourmandes avec les doigts; car elles avaient tellement l'habitude de se trouver là chez elles que des menaces à distance ne les effrayaient pas.

Eh bien, cher lecteur, ce qui constituait notre repos, c'est qu'aucun genre d'insectes ne peut vivre en Nubie. Est-ce la sécheresse inouïe de ce pays, est-ce la chaleur, est-ce l'influence de l'air qui tue ces importuns? je ne saurais le dire; mais il n'en est pas moins vrai que nous jouissions d'une tranquillité à cet égard dont rien ne peut donner l'idée à ceux qui n'ont jamais voyagé du côté du soleil : tranquillité dont je me plais à parler, tant nous l'appréciâmes, et tant il nous fut désagréable de retrouver toute cette gente suceuse à notre retour en Égypte. Comme je l'ai dit plus haut, tout le monde était donc heureux à bord; et pourtant le Nil en cet endroit serpente absolument au milieu du désert. Il n'y a nulle transition entre le sable et l'eau, rien qui vienne attester que Dieu ne s'est pas arrêté dans son œuvre après le second jour de la création. D'où venait donc notre gaieté? Puisque les insectes en Égypte aiment à se nourrir de nos larmes, il est possible que le climat qui les tue fasse aussi notre joie. Quoi qu'il en soit, la guenon elle-même dansait malgré son âge, sautait de cordage en cordage, et de notre cuisine à celle des matelots. Un de mes compagnons, très-hardi nageur, se précipitait tête première dans le fleuve à l'avant du bateau, et, reparaissant immédiatement à la surface, parvenait à saisir le gouvernail, malgré notre marche rapide, et regagnait aussitôt la proue pour recommencer son plongeon. Equipages et voyageurs, maîtres et valets, hommes et bêtes, tous avaient un air joyeux, malgré la chaleur, malgré le pays environnant. Il régnait une influence générale difficile à expliquer, mais réelle, et qui m'aurait fait croire à la fatalité, si je n'avais eu le parti pris contraire.

Mais un parti pris, même suffisant pour faire entreprendre avec un antagoniste une discussion même très-chaude, n'est pas toujours sans laisser des doutes dans l'esprit. Je me livrais donc à part moi aux réflexions les plus sérieuses, quand une famille d'oies sauvages vint me fournir un argument sans réplique en faveur de l'intelligence et de la liberté de l'homme.

Pendant notre voyage, nous avions rencontré des bandes nombreuses de ces oiseaux qui se dirigaient vers le nord, pour chercher une température moins insupportable. Comment les deux oies que nous vîmes sur la rive à cet endroit n'avaient-elles par suivi leurs camarades? nul de nous ne put le savoir. Nous soupçonnâmes fort, cependant, que leur retard était motivé par la précocité de leurs amours, quand nous les vîmes accompagnés d'une famille assez nombreuse.

N'étant pas dans le même cas, puisque nous étions quatre garçons déjà mûrs, l'idée ne nous vint pas de respecter ce père qui nous donnait un si bel exemple. Comptant au contraire que son amour l'empêcherait d'abandonner toute sa progéniture, nous nous dirigeâmes vers lui en barque, avec l'espérance de nous emparer de la famille entière sans coup férir, et de la rapporter à la cange dans l'état de santé le plus satisfaisant et le plus complet.

Vous allez juger, cher lecteur, de ce que peut faire l'amour conjugal et paternel d'une oie même contre l'intelligence de quatre célibataires humains. Ces pauvres volatiles n'avaient que la ruse à leur disposition : aussi l'employèrent-ils, et je dois dire avec succès ; voici comment : à notre approche, le père s'envole et vient droit sur nous. Nous le tirons, il tombe, se débat quelques minutes dans l'eau ; puis le ventre en l'air, comme s'il eût été tué, se laisse aller au fil du courant.

Nous le crûmes en notre pot, et déjà lui

fîmes fête. Les petits restaient sans force et sans soutien sur le rivage. Nous n'avions donc plus qu'à poursuivre la mère partie aux coups de fusil, et posée à une distance respectable, mais non si grande que nous dussions renoncer à la rejoindre. Voilà précisément où était le piége ; nous y donnâmes tête baissée, sans même en soupçonner l'existence. Entendre raconter les marches et les contre-marches que cette oie femelle nous fit faire, serait une fatigue pour le lecteur : qu'il juge alors de la nôtre. Après une longue poursuite, nous fûmes obligés de renoncer à atteindre cette mère intelligente. Pendant ce temps, hélas ! le père que nous avions perdu de vue quelques minutes était ressuscité ; les petits avaient été par lui soigneusement cachés ; nous revînmes bredouilles, honteux comme quatre renards que deux poules auraient pris. Nous quittâmes promptement ces lieux témoins de notre confusion ; mais toute la soirée il nous sembla entendre par derrière rire une famille d'oies, rire de ce rire bête dont doivent rire les oies, et c'était nous qui en faisions les frais.

Non, décidément, la fatalité ne fait pas partie de ce monde : car même les oies ont une intelligence et un libre arbitre. Ce qu'on pourrait déduire de cette histoire serait une protection spéciale d'en haut pour les pères de famille. En célibataire convaincu, je ne la leur envie pas, car ils la méritent bien.

J'étais dans ces tristes dispositions au point de vue de la morale et de la société quand le drogman vint nous avertir que nous étions en vue de Wadi-Halfa, et que, dans quelques minutes, le vent du nord n'aurait plus dorénavant d'utilité pour nous.

Tout ce que nos armes à feu purent contenir de charge de poudre fut immédiatement brûlé. Les premiers coups nous firent bien un peu honte, mais comme les oies ne pouvaient plus nous entendre, elle disparut rapidement. Nous employâmes tous les moyens de faire du bruit à notre disposition; nous chantâmes en chœur, nous nous assîmes tous les quatre ensemble sur le clavier du piano, car j'avais oublié d'apprendre au lecteur que nous possédions un piano à bord.

Cet oubli, je dois l'avouer, a bien été un peu intéressé; car de nous quatre, c'était moi qui passais pour l'artiste, et je possède un talent qui me vaut une bien plus grande gloire quand je me dirige vers l'instrument qu'après m'en être servi.

Ce morceau d'arrivée à Wadi-Halfa, et surtout ce mode d'exécution, ôtèrent absolument à notre piano le reste de justesse qu'il possédait et le rendit impossible pour tout le monde, si ce n'est pour des oreilles anglaises, comme le lecteur en jugera par la suite.

Wadi-Halfa est par lui-même un petit village plus triste et plus lamentable encore que les autres. Il est bâti absolument sur le sable du désert, et ses habitants ne vivent que du produit des quelques dattiers qui l'ombragent. Seulement, à l'époque où nous nous trouvons, son aspect devient assez animé, parce que bien des caravanes qui n'osent pas affronter pendant l'été la chaleur du désert de Korosko, prennent le parti de suivre le bord même du fleuve, bien que cela allonge leur route. C'est alors à Wadi-Halfa que se fait ce transbordement des charges des chameaux dans les canges et du chargement des canges sur les chameaux dont j'ai parlé précédemment.

Esclaves, sacs de gomme, dents d'éléphants, singes, animaux de toute sorte étaient donc exposés sur ce rivage, où se croisait la population la plus bigarrée et la plus différente qu'il soit possible, je crois, de pouvoir contempler à la fois.

Les espèces identiques de bêtes et de choses

varient bien peu sous les latitudes différentes. Il faut être très-habile connaisseur pour arriver à les distinguer au point de vue physique. Et l'identité, au point de vue morale, est encore plus frappante. Le loup est partout sauvage, et le chien est partout domestique. Le renard est partout habile, et je doute qu'il existe une seule oie au monde qui ne soit pas père ou mère de famille. Mais je me demande vraiment, en voyant ce rivage de Wadi-Halfa, qui peut moins ressembler à l'homme que l'homme lui-même, physiquement et moralement parlant. Différences de couleurs, de traits, de cheveux; différences de costume depuis la chaussure jusqu'au bonnet, différences de caractère à l'infini; différences de condition depuis l'esclavage jusqu'à la sauvagerie, qui personnifie à mon sens la plus entière liberté.

Voir l'homme est donc un spectacle quelquefois beau, souvent triste, mais toujours différent. L'humanité est un caléidoscope sans fin, où chacun vient peindre son tableau plus ou moins noir ou plus ou moins lumineux. Les plus enviables sont ceux dont le ton est le plus uniforme, et les plus tristes sont ceux qui magnifiquement commencés sont restés inachevés, et où on ne pourra jamais voir qu'une ébauche à cause de la mort prématurée de l'artiste.

Nous allions descendre à terre, quand on nous annonça la corvée inhérente à chaque arrêt du bateau, c'est-à-dire la visite de M. le gouverneur de la province. C'est un homme d'un beau noir, maigrelet, et très-sobre de paroles. Il nous arriva suivi d'une véritable cour, qui nous divertit beaucoup. Comme le gouverneur était peu expansif, la conversation s'engagea avec tous les personnages de sa suite, dont chacun voulut paraître plus aimable et plus spirituel que son collègue, et partant son rival. Le premier qui parla nous fit un compliment; son voisin suivit l'exemple en enflant la flatterie, et ainsi de suite. On eût dit une enchère d'autant plus disputée que les enchérissements ne coûtaient rien aux acheteurs. Je me demande à quel taux on nous eût adjugés si nous n'avions nous-mêmes fait cesser la lutte en offrant à nos flatteurs, pour les remercier, de leur chanter quelques airs de notre pays. Je n'ose vraiment raconter au lecteur toutes les folies dont nous nous rendîmes coupables pendant le séjour du gouverneur de Wadi-Halfa sur notre cange. Il faut se persuader, afin qu'on nous pardonne, que nous nous trouvions dans un pays à moitié sauvage, où nous ne devions plus jamais remettre les pieds. Il faut que le lecteur se souvienne que nous avions été servilement flattés par nos hôtes, et, quelque opinion que l'on ait de soi-même, l'homme est ainsi fait qu'il se laisse facilement griser par les éloges même les moins mérités. Aussi, chants patriotiques, danses nationales, et quelles danses! tout fut exécuté par nous devant ces Nubiens ébahis, auxquels nous offrîmes pour tout rafraîchissement de l'eau de Botot et de l'élixir du docteur Pierre dans des verres d'eau sucrée.

Depuis longtemps, mes amis rêvaient de faire boire ce genre de liqueur à quelque habitant haut placé de ce pays. Loin de ressembler aux Égyptiens, leurs voisins, qui nous donnaient largement l'hospitalité sans rien demander en échange, les Nubiens avaient l'habitude contraire de nous faire visite plusieurs fois dans la journée et de ne jamais rien nous offrir. Toute notre provision de sirop, d'eau de Seltz, de limonade y avait passé. Aussi à Wadi-Halfa, devant cette avalanche de visiteurs, ne pûmes-nous pas résister à mettre notre projet à exécution. Quelques-uns grimacèrent bien un peu, mais presque tous ces épicuriens, loin de se plaindre, firent remplir leur verre à plusieurs reprises. Jamais eau dentifrice n'eut un pareil succès. Quant à nous, pensant à tout ce dont nous nous étions privés pour ces palais vraiment momifiés, nous jurâmes, mais un peu tard, qu'on ne nous y reprendrait plus.

CHAPITRE XV

SECONDE CATARACTE. — RELIGION ÉGYPTIENNE.

La journée du lendemain devait être employée par les matelots à préparer la cange pour la descente. Toute la partie antérieure devait être dépontée pour faciliter le mouvement des rameurs, et la grande voile d'avant devait être remplacée par la petite voile de l'arrière. Manœuvre détestable, puisque ainsi l'on profite moins des journées de bon vent qui peuvent par hasard se présenter à de longs intervalles, surtout à l'époque où nous nous trouvons, mais manœuvre qu'il est impossible d'interdire à l'équipage par la seule raison que c'est l'habitude du pays.

Nous avions souvent été exaspérés en Égypte par la réponse que nous faisait régulièrement le drogman, quand nous lui demandions la raison des choses : Monsieur, c'est l'habitude; mais quand on pense à la France où on a la rage contraire de tout modifier, de tout innover, et, disons le mot, de tout bouleverser, on se prendrait parfois à regretter les vieilles habitudes d'Égypte, et à déplorer que, contrairement au capitaine de notre cange, les gouverneurs de notre pauvre pays aient laissé toutes voiles dehors pour se précipiter plus rapidement encore vers l'abîme où ils nous ont conduits.

Nous profitâmes de cette journée d'arrêt pour visiter la seconde cataracte, qui devait être le point extrême de notre voyage en Nubie. En partant de France, notre idée avait été de pousser jusqu'à Kartoum et le Sennaar. A Alexandrie et au Caire, on nous avait dit que nous pourrions bien pénétrer jusque-là, à condition de passer l'été dans les forêts équatoriales, car la chaleur serait trop forte pour nous permettre d'entreprendre au mois de juillet et août le voyage du retour. Puis, sur l'assurance de quelques personnes compétentes que nous arriverions là-bas au moment le plus malsain de l'année, que le commencement de notre séjour coïnciderait avec l'époque des pluies, c'est-à-dire l'époque des fièvres et des maladies de toute sorte, nous fûmes obligés de renoncer à notre projet. Je n'avais pas encore parlé de cette première intention au lecteur, pour ne pas commencer ce récit par une lamentation, car ce fut avec une vraie douleur que nous nous aperçûmes, en arrivant en Égypte, que le moment de notre départ de France pour faire le voyage de la Haute-Nubie et du Soudan avait été mal choisi.

A cette journée où nous sommes, tous nos regrets nous revinrent en foule, et ce fut mélancoliquement que nous traversâmes à chameau la portion du désert par lequel on se rend au rocher de Djébel-Aboucir, d'où l'on peut embrasser d'un coup d'œil tout l'ensemble de la seconde cataracte. Pendant toute la première partie de cette journée, le khamcin souffla avec une assez grande violence; mais, de même que les marins, lorsqu'ils sont encore jeunes et novices, préfèrent la tempête au temps le plus calme et le plus avenant, ainsi nous aimions le désert dans ce qu'il pouvait avoir de pénible et de difficile à affronter. Vers le milieu du jour, quand nous arrivâmes au sommet du Djébel-Aboucir, le vent se calma, le temps devint clair, nous nous assîmes en tournant tristement nos regards vers le sud.

Qui sait toutes les joies, toutes les émotions

que nous aurions goûtées là-bas, au delà de l'horizon, s'il nous avait été donné d'y pénétrer comme nous l'avions espéré! Être si près des féeries de l'équateur, qu'on s'est tant de fois représenté en imagination et que tous les auteurs ont si péniblement essayé de dépeindre, tant elles semblent être au-dessus de la langue et des expressions humaines; toucher tout cela presque de la main, et être obligé de s'en éloigner avec la grande probabilité, sinon la certitude de ne jamais y revenir, est un sentiment profondément pénible; il nous affecta beaucoup. Notre consolation fut dans la vue qui s'offrit à nos yeux du sommet du rocher de Djébel-Aboucir, laquelle par sa tristesse et son horreur vint nous rappeler qu'entre ces merveilles et nous se dressait encore une barrière presque insurmontable à franchir.

De quelque côté que l'on tourne ses regards, on n'aperçoit que le désert de sable le plus nu et le plus profond. A l'époque et à l'heure où nous nous trouvons, un soleil de feu surplombe et brûle toute cette étendue silencieuse et sans vie. Pas un arbre, pas une touffe de verdure, pas un brin d'herbe, pas un insecte, pas un moucheron; je dirai même pas un caillou, si j'admettais avec quelques savants que les cailloux aussi possèdent un germe de vie. Seuls des rochers lugubres et noirs sont semés dans le lit du fleuve, et forment par leur agglomération ce qu'on est convenu d'appeler la seconde cataracte du Nil. On ne jouit même pas ici de l'aspect sauvage, il est vrai, mais grandiose de l'île de Philœ et de l'entrée de la Nubie au-dessus d'Assouan. Ce ne sont plus des montagnes de granit aux formes contournées, qui ont l'air de barrer le passage au fleuve et que celui-ci franchit victorieusement, après s'être arrêté quelque temps près d'elles et s'être étendu en longues nappes comme pour disputer le prix de la beauté avec ses adversaires ; ici ce n'est qu'une suite de dos d'ânes rabougris et tout noirs, qui s'étendent à perte de vue dans le lit du fleuve, dont la sombre traînée ressemble, au milieu de la surface blanche du désert, au grand bras de la croix sur une tenture funèbre.

Aspect lugubre et sauvage, silencieux et grandiose, douloureux surtout, parce que tout semble y souffrir. La terre qui voudrait produire est sèche et désolée ; le Nil qui voudrait la fertiliser est prisonnier dans ses rives de granit; les rochers rabougris et informes ne jouissent pas de leur victoire, et le soleil lui-même, ce bienfaiteur des hommes, fait rayonner à regret son infernal brasier. Toute la nature souffre, muette, sèche et accablée, comme si elle avait épuisé ses larmes ou comme si le destin contraire, ne voulant même pas émousser sa douleur, lui avait à jamais refusé d'en répandre.

Voilà le dernier aspect de la Nubie qu'il nous soit donné de contempler, voilà le but vers lequel tendaient tous nos efforts depuis deux mois. A présent il nous faut revenir. Ne croyez pourtant pas, ami lecteur, que ce soit d'une désillusion que je me plaigne en ce moment. La tristesse de la seconde cataracte nous fera davantage apprécier la gaieté des lieux que nous allons revoir bientôt. Aussi, pendant le retour à la cange où même le Nil s'était dérobé à nos regards et où nous ne voyions qu'une mer de sable immobile et sans bords, je récitais en moi-même ces beaux vers chantés par Musset au milieu de sa douleur, et qui peignaient assez bien à ce moment toute notre espérance pour l'avenir :

Lorsqu'au déclin du jour, assis sur la bruyère,
Avec un vieil ami tu bois en liberté,
Dis-moi, d'aussi bon cœur lèverais-tu ton verre
Si tu n'avais senti le prix de la gaieté?

Aimerais-tu les fleurs, les prés et la verdure,
Les sonnets de Pétrarque et le chant des oiseaux,
Michel-Ange et les arts, Schakespeare et la nature,
Si tu n'y retrouvais quelques anciens sanglots?

Quand nous revînmes à la cange, nous la trouvâmes préparée pour le retour. Les rames étaient fixées de chaque côté de la plate-forme d'avant; la grande vergue avait été remplacée par la petite de l'arrière; nous n'avions plus qu'à nous laisser aller au courant, en nous aidant des rames. Malheureusement, toute la soirée et toute la journée du lendemain, le vent du nord souffla assez violemment pour que le capitaine retardât le signal du départ. On comprend, en effet, qu'un vent contraire, suffisant pour combattre l'action du courant, réduise le voyageur à l'immobilité. Or comme, à l'époque où nous sommes, nous n'avons à attendre que le temps défavorable, le calme plat est devenu l'état atmosphérique le plus favorable à notre marche. Je ne sais ce que mes compagnons allèrent visiter; le drogman acheta deux petits singes charmants à poils gris et à face noire, puis un esclave de huit ans qui leur ressemblait un peu.

Quant à moi, lassé de n'apercevoir au dehors

que du sable, des rochers noirs, des horizons lugubres, je m'enfermai dans le salon du bateau, où je complétai mes notions assez vagues sur la religion compliquée des Égyptiens.

J'apprends qu'au-dessus de tout, antérieur à tout, créateur de tout, le dieu suprême possède absolument les attributs de notre Jéhovah. Il se nomme Kneph : on l'appelle aussi Ammon, et en grec Agathodémon, le bon génie. Les hiéroglyphes qui le représentent sont le disque au centre duquel se trouvent un serpent et une tête d'épervier, ou bien le globe entouré du serpent. Or voici comment se joue l'immense drame de la création :

Des ténèbres infinies étaient répandues sur l'abîme. Cette nuit primitive était personnifiée suivant les uns par Hathor, et suivant les autres par la déesse Neith. Cette dernière était vénérée surtout à Saïs, et voici l'inscription placée au-dessous de chacune de ses statues : « Je suis ce qui est, ce qui sera et ce qui a été ; personne n'a relevé ma tunique, et le fruit que j'ai enfanté est le soleil (1). »

Or Kneph, le créateur à la fois mâle et femelle, mit au monde le second créateur ou dé-

(1) M. Mariette.

miurge, le dieu du feu et de la vie, Phtah. Il est représenté avec un scarabée sur la tête, symbole de création et de résurrection, et avec des crocodiles sous les pieds, symbole des ténèbres vaincues. Phtah, qui était hermaphrodite comme son père, voulut séparer ses deux sexes et devint Pan-Mendès et Hephœstobula.

Mendès est le pouvoir mâle de la création, le ciel fécondant : il a le bouc pour symbole. — Hephœstobula est le pouvoir femelle de la génération dans l'univers.

Par l'acte de cet être double, furent créés le soleil personnifié par Phré, et la lune par Pi-ioh.

Le soleil est le troisième démiurge : incarné il devient Osiris qui complète la trinité égyptienne.

Le couple d'Osiris et d'Isis, sa femme et sa sœur, était la personnification de toutes les bonnes influences sur la terre. Un autre couple, composé de Typhon et sa sœur et épouse appelée Nephtis, personnifiait au contraire toutes les mauvaises influences. Le premier régnait sur la vallée du Nil, sur les terres cultivées ; le second, sur le désert et les marais de la basse Egypte.

Une lutte s'engagea entre les deux couples. Typhon, feignant un jour de vouloir fêter son ennemi, l'invite à un festin. Au milieu du repas, on apporte un coffre magnifique, que le dieu du mal promet de donner à celui qui pourra le remplir de son corps. Tous essayent et échouent tour à tour. Osiris va l'emporter ; mais au moment où il se place dans le coffre, Typhon et ses complices se précipitent sur lui, referment le coffre et le jettent dans le fleuve.

Nephtys, infidèle à Typhon, avait eu un fils d'Osiris, qui se nommait Anubis, semblable à son père pour la sagesse et la beauté. Isis se fait accompagner par ce fils de son mari pour chercher le corps d'Osiris. Elle parcourt toute l'Égypte, la Phénicie, et le trouve enfin sur la côte de Byblos. Elle le cache et court à Buto, chez son propre fils Horus, pour l'enflammer de colère contre l'ennemi de son père.

Pendant ce temps, Typhon découvre le corps d'Osiris, et le coupe en quatorze parties, qu'il disperse de tous côtés.

Isis réussit à rassembler tous ces morceaux. Elle voulut que son mari reçût dans toute l'Égypte les mêmes honneurs funèbres. Dans ce dessein, elle prit chacun des membres, et, l'entourant d'aromates et de cire, elle en fit quatorze corps pareils à celui d'Osiris. Puis elle les distribua dans quatorze villes, de telle sorte que chacune crut servir de sépulture au dieu. Elle commanda aux prêtres de consacrer à son mari un animal quelconque. Ces animaux sacrés, différents dans chaque ville, étaient solennellement ensevelis, et l'on renouvelait autour de leur tombeau le deuil du trépas d'Osiris. C'est ainsi que s'institua à Memphis le culte du bœuf Apis, dont nous visiterons les sépultures au retour.

Horus, luttant pour venger son père, vainquit une première fois Typhon et le fit prisonnier. Mais celui-ci parvint à séduire Isis et se fit délivrer par elle. Horus furieux porta les mains sur sa mère et lui arracha son diadème.

Les prêtres le remplacèrent par des cornes de vache qui restèrent l'ornement distinctif d'Isis.

Horus réussit à vaincre une seconde fois son ennemi et le bannit dans les déserts.

Isis avait eu de son époux un fils posthume nommé Harpocrate, né avant le temps, mutilé, boiteux, véritable enfant de la douleur et des larmes.

Horus fut, d'après la croyance égyptienne, le dernier roi-dieu qui régna sur l'Égypte. Après lui commencèrent les dynasties humaines, dont le chef fut Menès, comme nous l'avons déjà vu.

Quelques dieux et déesses secondaires peuplaient encore le ciel égyptien. Ils étaient, d'après la croyance générale, en relation intime avec le dieu suprême dont j'ai déjà parlé; aussi étaient-ils surtout adorés à cause de la protection qu'ils étaient censés accorder aux âmes après la mort et pendant le jugement.

CHAPITRE XVI

UNE VISITE INATTENDUE. — SIMOUN. — TEMPLE D'AMADA.

Je continuais à m'éclairer sur la religion des anciens Égyptiens, quand le drogman me présenta une carte de visite, en m'ajoutant qu'elle venait de lui être remise par un Européen. Je fis dire d'entrer. Le nom m'avait appris que j'allais me trouver en présence d'un Anglais.

C'était un jeune homme à la physionomie gracieuse et ouverte, au teint extrêmement bruni par le soleil, s'exprimant assez bien en français, dès l'abord extrêmement sympathique. Il me conta qu'il faisait partie d'une expédition composée d'ingénieurs anglais, organisée par le vice-roi dans le but de faire le tracé d'un chemin de fer entre le Caire et Kartoum.

Mes amis rentrèrent à ce moment de leur promenade, et comme deux d'entre eux s'exprimaient très-facilement en anglais, mon jeune visiteur ne tarda pas à me délaisser pour converser avec mes compagnons dans sa langue maternelle.

Or, voici ce que nous apprîmes dans cette conversation. Le seul intérêt de faciliter le commerce entre l'Égypte et le Soudan, commerce qui se chiffre par huit ou dix mille sacs de gomme, deux ou trois mille défenses d'éléphants, transportés chaque année du haut Nil dans le Delta, ne nous paraissait pas suffisant pour engager le vice-roi dans une dépense aussi considérable que celle d'un chemin de fer du Caire à Kartoum.

L'Anglais nous répondit que le gouvernement égyptien avait l'intention de prolonger ensuite la voie ferrée de Kartoum à Souakim, port assez important sur la mer Rouge, dans l'espérance de voir un jour l'Angleterre profiter de cette création pour le transit des Indes.

Bien qu'actionnaire du canal de Suez, le vice-roi, ajouta-t-il, s'est aperçu que l'Égypte a souffert de ne plus servir de marché entre l'Europe et le grand continent asiatique. Peu lui importerait de voir même tomber la grande création de M. de Lesseps, si les nombreux voyageurs qui circulent entre l'Angleterre et les Indes reprenaient la route du Caire et s'y reposaient des fatigues d'une longue traversée en y faisant dépenses ; si la quantité énorme de marchandises qui s'échangent entre ces deux pays traversait de nouveau ses entrepôts. Du reste, ajouta-t-il, l'Angleterre favoriserait certainement un projet qui abrégerait de quatre ou cinq jours la durée du voyage aux Indes.

Ici se terminèrent les explications de notre interlocuteur ; mais à peine nous eut-il quitté, que nous nous demandâmes si, dans ce projet gigantesque, il ne fallait pas chercher, plutôt que l'initiative du vice-roi, les aspirations jalouses de la mercantile Angleterre, qui ne peut cicatriser les blessures que lui ont faites les coups de pioche de M. de Lesseps, et désireuse d'employer à son profit le travail et les capitaux d'un gouvernement étranger.

Notre ingénieur avait quitté son pays depuis plus d'un an ; aussi nous avait-il exprimé chaleureusement sa joie de revoir enfin des figures européennes. Le capitaine de sa cange n'attendait aussi qu'un apaisement du vent pour partir. Nous nous fîmes la promesse réciproque de voyager côte à côte et de nous visiter le plus souvent possible.

Le lendemain à notre réveil, nous entendîmes les chants plaintifs dont les matelots accompagnent le bruit monotone et régulier des rames. C'était un beau début ; mais je dois dire que par la suite nos rameurs dormirent souvent sur leurs avirons, laissant au courant le soin de nous ramener au Caire. La cange alors marchait tantôt droit, tantôt à reculons ou de côté comme un homme ivre. Ses évolutions obligeaient nos musulmans, pendant leurs interminables prières, à tourner sans cesse sur eux-mêmes, afin de ne jamais montrer le dos à la tombe du Prophète. C'était à se demander parfois s'ils priaient ou s'ils valsaient.

Ce mode de locomotion, bien qu'il ait l'avantage de ne fatiguer personne, ne laisse pas que d'être lent et monotone. Nos meilleurs moments étaient ceux où le hasard nous rapprochait de la cange anglaise. L'ingénieur ne manquait pas alors de venir nous voir. Les animaux eux-mêmes paraissaient se réjouir de cet abordage : car, pendant que nos singes sautaient en Angleterre, des gazelles appartenant à notre nouvel ami venaient d'un bond quêter dans nos mains des friandises. Quelles jolies bêtes que ces petites gazelles et quel curieux caprice de la nature d'avoir précisément placé dans le désert à la mine sombre et rébarbative ces petits minois ouverts et gracieux.

Pendant les jours qui suivirent notre départ de Wadi-Halfa, le temps était absolument calme et nous pouvions constater chaque soir sur notre carte une assez grande distance parcourue. Le voyage se continuait donc, sans agréable incident il est vrai, mais aussi sans encombre, quand nous entendîmes le capitaine ordonner subitement d'amarrer la cange au rivage, bien que rien ne parût motiver une telle décision. Nous étions de toute part environnés par les sables; pourquoi ne fuyions-nous pas au plus vite un aspect aussi désolé?

Sur notre interrogation, le drogman nous montra le désert lybique avec un geste rempli d'émoi, je dirai presque de terreur. En effet, l'œil ne déterminait plus avec facilité les lignes de l'horizon si accentuées d'ordinaire. On ne se rendait plus compte exactement du point précis où se terminait la terre et où commençait le ciel. Un voile gris, presque noirâtre, plus ondulé encore que l'horizon des mers aux jours de grandes tempêtes, les séparait l'un de l'autre; on eût dit un flot boueux de l'Océan, grossissant toujours et accourant vers nous de toute la vitesse de l'ouragan qui l'aurait soulevé. C'était, à n'en plus douter, le fléau du désert, l'enfouisseur des caravanes, le terrible simoun enfin.

Toutes les précautions furent immédiatement prises à bord pour nous garantir autant que possible du géant des solitudes. Non-seulement les persiennes et les carreaux furent hermétiquement fermés, mais l'on tendit avec soin sur toutes les ouvertures de grosses toiles mouillées, afin d'opposer un nouvel obstacle à l'invasion du sable.

Pendant ce travail, l'ennemi s'était considérablement rapproché. Une moitié de la voûte des cieux avait déjà changé de couleur. L'azur avait fait place à une teinte fauve causée par la présence du sable dans l'éther. Puis, peu à peu, cette teinte parut se rapprocher; les rares arbustes qui nous entouraient fléchirent au souffle du vent, se brouillèrent, puis disparurent à nos regards. La tempête commença à siffler dans les cordages, les toiles frémirent, un voile épais s'étendit sur nos têtes, nous entrions dans la gueule du monstre. De minute en minute la lumière s'obscurcissait davantage. Le nuage de sable devint si épais qu'il bornait notre vue à deux ou trois pas; le Nil s'était gonflé comme la mer au souffle de l'ouragan : des lames courtes mais fortes venaient se briser contre la cange et lui imprimaient des secousses telles que nous pouvions craindre à chaque instant quelque avarie.

Le bruit du vent, le sifflement des cordages, le brisement des vagues, les craquements du bateau, et surtout cette obscurité étrange et subite, qui n'a rien de commun avec les ténèbres ordinaires de la nuit, et dont la présence seule attesterait un fléau, tout cela était sinistre, douloureux et effrayant. Peu à peu une poussière fine mais dense pénétra dans notre intérieur et compléta l'obscurité. Cette poussière devint si abondante qu'elle obstrua nos voies respiratoires et provoqua une toux sèche et répétée qui nous déchirait le larynx. Enfin, épuisés, suffoqués, nous suivîmes l'exemple des Arabes, en nous entortillant dans nos couvertures pour y attendre la fin de cet épouvantable simoun. Il dura environ deux heures. Mais longtemps après, la nature garda l'impression de cette terrible secousse. Des rafales de vent passaient et repassaient dans des directions différentes; des trombes couraient çà et là, en enlevant tout ce qui se trouvait sur leur passage. L'une d'elles tournoya quelque temps autour de la cange, puis, comme saisie d'une détermination subite, vint droit sur nous. Les matelots se mirent en prière, levèrent les bras au ciel, et, se prosternant, se frappèrent le front contre terre. Le pilote à son approche puisa de l'eau dans une écuelle, et, la lançant contre cette colonne menaçante, s'écria : Allah, Allah, épargne-nous dans ta colère. Malgré cela l'avant du bateau essuya le choc. Toutes les toiles, les attaches qui n'étaient pas solidement fixées, furent violemment arrachées, mais nous n'eûmes en somme aucun accident fâcheux à déplorer.

Le calme se rétablit à la longue dans l'atmosphère et sur la surface du fleuve; l'ancre fut levée, les matelots saisirent leurs avirons, et, psalmodiant leurs chants plaintifs, continuèrent à nous ramener vers la France, ce beau pays protégé de la nature et dont les heureux habitants, comme la plupart des heureux du reste, ne savent pas assez apprécier leur bonheur.

Le temps nous fut propice jusqu'à Derr, où nous nous arrêtâmes quelques heures. Cette ville est regardée avec admiration par les Nubiens, sans doute parce que ses maisons sont construites en terre, au lieu d'être une agglomération de blocs de rocher. En réalité, Derr est un misérable village. La seule particularité de cette capitale, c'est le costume de ses habitantes.

Loin de se contenter des lanières nubiennes, celles-ci se couvrent plus que les Égyptiennes elles-mêmes. Une grande draperie les enveloppe de la tête aux pieds et traîne encore de quelques mètres par derrière. Ces femmes portent assez majestueusement leur costume, et rappellent un peu par leurs poses les anciennes pleureuses romaines.

Rien n'est étrange comme de voir s'avancer dans le désert les matrones de la capitale nubienne, qui me faisaient toujours l'effet, avec leurs robes traînantes et leurs beaux bras pendants, de rechercher la solitude pour aller pleurer quelque profonde douleur et dérober leurs larmes à tous les yeux. Derr possède un ancien temple creusé dans les rochers qui dominent la ville à l'est. Il date de Ramsès le Grand. C'est sur le frontispice de ce temple qu'on a trouvé une représentation de la postérité de Ramsès. C'est donc grâce à ce frontispice qu'on est parvenu à savoir que ce grand monarque eut cent soixante enfants. Ce monument est presque totalement détruit, et n'offre, à part ce que je viens de dire, aucune particularité à signaler.

Mais un petit temple vraiment intéressant c'est celui d'Amada, sur la rive occidentale du Nil, à environ une lieue de Derr. Il est bâti dans le désert, sur le haut d'une colline pierreuse. « La première salle de ce monument (dit Champollion) est soutenue par douze piliers carrés, couverts de sculptures, et par quatre colonnes, que l'on ne peut mieux nommer que proto-doriques; car elles sont évidemment le type de la colonne dorique grecque, et, par une singularité digne de remarque, je ne les trouve employées que dans les monuments égyptiens les plus antiques, comme les hypogées de Béni-Haçan par exemple. » Une inscription sculptée à l'intérieur sur les deux piliers de la porte d'entrée indiquent la date de ce temple et le dieu auquel il était consacré. Voici la traduction de cette inscription :

« Le Dieu bienfaisant, seigneur du monde, le roi, soleil stabiliteur de l'univers, le fils du soleil, Touthmosis, modérateur de justice, a fait ses dévotions à son père le dieu Phré, le dieu des montagnes célestes, et lui a fait élever ce temple de pierre dure; il l'a fait pour être vivifié à toujours. » Ce temple fut continué sous Aménophis II et terminé sous Touthmosis IV. L'inscription suivante en fait foi :

« Voici ce que dit le dieu Thoth, le seigneur des divines paroles, aux autres dieux qui résident dans Thyri; accourez et contemplez ces offrandes grandes et pures, faites pour la construction du temple, par le roi Toutmosis IV à son père le dieu Phré, dieu grand, manifesté dans le firmament.

Ce qu'il y a vraiment de remarquable dans ce petit monument c'est la finesse des sculptures; non-seulement les grandes ornementations sont dignes d'être admirées, mais dans les inscriptions dont je viens de parler, chaque hiéroglyphe est un petit chef-d'œuvre. Amada est, après un petit temple de Memphis, le monument d'Égypte où l'on peut le mieux se rendre compte de ce qu'était la perfection et le fini dans l'art égyptien. On reconnaît sans s'y tromper chacun des animaux que l'on a voulu représenter et jusqu'aux simples serpents ou aux croix ansées, aucun objet n'a été indifféremment traité.

Nous étions venus en barque de Derr au temple d'Amada, laissant à l'équipage le loisir de terminer certaines affaires à lui particulières dans la capitale nubienne. Quand nous sortîmes du temple, la cange descendait vers nous aidée du courant et des rames. Je m'assis à terre en l'attendant, et je pus contempler à mon aise le plus beau paysage que j'aie rencontré en Nubie.

Amada se trouve sur le chemin de Derr à Korosko, deux points entre lesquels la vallée du Nil forme un coude tellement accentué que le fleuve coule presque complétement du nord au sud en cet endroit. Par un hasard heureux les montagnes qui bordent cette vallée contournée en lacets sont de plus en plus hautes à mesure qu'elles s'éloignent. Vues du temple d'Amada, elles ne se cachent donc pas l'une l'autre, et l'on jouit alors de l'aspect de trois plans de montagnes superposées.

A l'heure où il me fut donné de contempler ce paysage, le soleil était sur son déclin. A mes pieds coulait gaiement le fleuve, dont chaque ride étincelait au soleil comme une lame d'argent. Au milieu de sa surface glissait rapidement notre cange, dont la teinte ver clair et les banderoles tricolores contribuaient encore à égayer cette partie du tableau. Plus loin, les premières montagnes étincelantes aussi partageaient la joie du fleuve; mais plus loin encore, les ombres de ces premières montagnes, se répandant sur les autres en longues traînées noires, contrastaient singulièrement avec les tons vifs et chauds des premiers plans.

Cette nature me rappelaient ces hommes qui aux yeux de tous paraissent vider joyeusement leur verre sans que personne ne se doute de l'amertume qu'eux seuls y aperçoivent au fond.

Le pays qui s'étend sur une longueur de 50 lieues au nord de Korosko offre cette particularité curieuse qu'il n'est peuplé absolument que de femmes. J'ai déjà parlé de l'organisation de la famille égyptienne. En Nubie, la puissance paternelle est encore plus complète, puisqu'un fils peut être vendu comme esclave par son père. Or, dans cette contrée déterminée, c'est aux mères que les enfants appartiennent.

Comment m'expliquer décemment : Lorsque le vent contraire a forcé une cange à s'arrêter dans ces parages, ce sont les mères qui portent leurs enfants dans cette cange, où elles savent trouver un acheteur pour leur petit garçon présent, et aussi un père de leur petit garçon futur.

CHAPITRE XVII

TEMPLE DE KALABSCHEH. — SITUATION CRITIQUE. — DISCOURS DANS LA COUR DES MIRACLES.

Nous arrivâmes vers neuf heures du soir au temple de Kalabscheh. Nous n'eûmes pas le courage d'amarrer la cange au rivage et de remettre au lendemain la visite de cet important édifice. Il y avait un grand mois que nous parcourions la Nubie; nous avions encore presque tout à visiter en Égypte; nous craignîmes de perdre une nuit de marche : aussi prîmes-nous la résolution de nous rendre à ce temple avec la petite barque et de laisser la cange continuer sa route pendant que nous le visiterions. C'est donc par un effet de nuit que ce temple s'est montré à nous. La lune, du reste, recommençait à briller d'un vif éclat, et comme elle avantage beaucoup les objets qu'elle éclaire, je pense que la coquetterie de ce monument ne s'est nullement plaint de notre visite nocturne. Cette coquetterie serait du reste mal placée : car si le temple de Kalabscheh peut être regardé, à cause de son importance, comme le second édifice de la Nubie, il ne porte pas moins dans toutes ses parties la trace des attaques sans nombre dont il a été l'objet.

Élevé par Touthmès III de la vingt-troisième dynastie, il eut à supporter de nombreux assauts à cause de sa position limitrophe, pendant les luttes si acharnées qui suivirent ce règne, entre les Éthiopiens et les Égyptiens. Il fut aussi témoin des derniers efforts de l'armée des Pharaons, contre les Perses envahisseurs. Il servit ensuite de forteresse au roi Silco, qui s'était engagé vis-à-vis l'empereur Dioclétien à protéger l'Égypte contre les incursions des Blemmyes et des autres peuplades du Sud. Enfin de nos jours il reçoit les atteintes des indigènes, qui viennent de dix ou quinze lieues chercher au temple de Kalabscheh les matériaux nécessaires à la construction de leurs cabanes.

Ces ruines remplissent d'une profonde tristesse, parce qu'elles portent dans leurs moindres détails le cachet de la dévastation. Partout des murs renversés, des colonnes tronquées, des chapiteaux brisés. Les cours sont pleines de débris; les corridors sont encombrés de matériaux; puis çà et là quelques peintures, quelques dorures laissent croire que l'envahisseur vient à peine de poser son stigmate. Triste gloire, en somme, que la gloire militaire : c'est une déesse que l'on devrait représenter ivre de sang sur un autel effondré, au milieu d'un temple tel que celui de Kalabscheh, desservi par des veuves ou des mères en deuil.

De nombreuses inscriptions indiquent les passages successifs des vainqueurs. La plus intéressante, que je vais reproduire en entier, est celle du roi Silco. On y verra qu'il n'épargnait pas les vaincus et qu'il n'était pas avare de ses propres louanges. Cette inscription est sculptée en grec à l'extérieur de la muraille orientale : « Moi, dit-elle, roi de Nubadar, et tous les Éthiopiens nous sommes venus à Talmis et Taphis une fois. Deux fois j'ai combattu les Blemmyes, et la divinité m'a donné la victoire sur les trois. Une fois je les ai conquis de nouveau et j'ai pris leurs villes. Puis je me suis reposé ainsi que mon peuple. Aussitôt que je les eus conquis, ils me rendirent hommage et je fis la paix avec eux. Ils me jurèrent fidélité sur leurs idoles, et je crus sur leurs serments qu'ils étaient bons et sincères. J'allai dans les parties supérieures de mon empire, que je m'occupai de gouverner. Je ne me laissai pas dépasser par les autres rois; je leur fus au contraire supérieur. En effet, je ne crains pas d'envahir le pays de ceux qui voudraient contester mon autorité et de l'occuper jusqu'à ce qu'ils m'aient honoré et supplié; car je suis un lion pour les régions qui sont au-dessous de moi et une citadelle pour celles qui sont au-dessus. J'ai combattu une fois les Blemmyes de Primsis et ceux du Nubadar supérieur. J'ai ravagé leur pays parce qu'ils ont voulu rivaliser avec moi. Je ne souffre pas que les chefs des autres nations en guerre avec moi se reposent à l'ombre; je veux qu'ils soient exposés au soleil, et que l'on ne porte pas d'eau dans leurs maisons : car mes serviteurs emmènent leurs femmes et leurs enfants. »

Au nord-ouest du temple de Kalabscheh se trouve un petit temple creusé dans le roc sous le règne de Ramsès II, et dédié aux dieux Kneph et Ammon-Ra. Le portique est soutenu par deux colonnes polygonales d'un style rappelant le dorique grec.

Cette petite excavation est surtout remarquable par les sculptures dont elle est ornée. Elles sont faites en mémoire des batailles gagnées par le roi fondateur sur les Éthiopiens. D'un côté, le Pharaon assis sur un trône reçoit les offrandes des vaincus. Ramsès II se fait amener par son fils aîné le prince des Éthiopiens, Amunmatapé, accompagné de ses deux enfants. Des bagues, des sacs d'or, des peaux de léopards, des dents d'éléphants, des œufs d'autruche et d'autres objets sont offerts au conquérant. De l'autre côté, on voit Ramsès II au milieu de la bataille, luttant comme le moindre de ses soldats.

Toutes ces sculptures sont assez nettement dessinées; mais leur composition est toujours fort naïve. Je ne citerai qu'un exemple : pendant la lutte un chef égyptien est blessé à mort. Ses deux fils combattaient à côté de lui. L'un d'eux se jette de la poussière sur la tête en signe de chagrin, et l'autre court pour annoncer la triste nouvelle à sa mère. Celle-ci — voilà où est la naïveté — est représentée à quelques centimètres de là, occupée à faire la cuisine, auprès d'un feu allumé par terre.

En regagnant la barque, nous vîmes des indigènes profiter de la fraîcheur de la nuit pour battre la nouvelle moisson. Le blé était simplement étendu à terre et foulé aux pieds par les mêmes animaux qui avaient servi à creuser le sillon dans lequel il avait pris naissance. Cette manière de battre le blé existait déjà du temps de Moïse ; seulement le grand législateur avait ordonné de ne jamais museler les animaux, afin qu'il pussent en mangeant réparer les forces dépensées au travail. Les Arabes sont moins attentifs envers leurs bienfaiteurs, et leur attacheraient la bouche bien plutôt deux fois qu'une.

Notre visite à Kalabscheh était terminée. Elle nous avait demandé beaucoup plus de temps que nous n'avions pensé d'abord. La cange devait avoir parcouru un chemin considérable. Nous n'avions pour la rejoindre que deux rameurs, et nous étions dépourvus de pilote.

Pendant deux heures, tout marcha bien pourtant. Les matelots se courbaient sur leurs avirons et entraînaient la barque avec vitesse dans cette partie du Nil où nul récif, nul banc de sable, ne nous forçait à détourner notre marche, et ne rendait difficile la manœuvre du gouvernail.

Mais au bout de ce temps nous pénétrâmes dans une région où mille rochers interceptent le lit du fleuve. Il faut une connaissance très approfondie du chenal pour ne pas pénétrer dans des canaux trop étroits ou sans issue. Le drogman prétendit que nous pouvions nous fier à ses talents. Nous crûmes une dernière fois à sa parole, et il s'empara de la barre du gouvernail.

Un quart d'heure à peine s'était écoulé, qu'un choc épouvantable, à faire croire que tout était brisé, venait jeter l'effroi parmi nous. Farag avait dirigé droit sur un rocher. Ce choc avait assez incliné le canot pour qu'il embarquât une grande quantité d'eau : nos pieds étaient trempés.

Devant nous, une série de points noirs hérissaient le lit du fleuve et nous attestaient que nous nous étions trompés de route ; à droite et à gauche des blocs énormes nous barraient la vue et le passage. Nous étions en détresse, abandonnés au milieu de la nuit dans ce dédale de récifs, sans pilote, avec une embarcation endommagée et faisant eau. Nous n'avions pas de temps à perdre. La cange devait continuer sa route ; il nous fallait employer tous les moyens possibles pour la rejoindre au plus vite. Nous saisîmes nous-mêmes les avirons, car les matelots étaient harassés de fatigue, et nous revînmes sur nos pas.

Tantôt tournant à droite, tantôt inclinant à gauche, nous parcourions ce labyrinthe où notre unique boussole était le courant du fleuve; encore pouvait-il nous emporter, comme il l'avait déjà fait, sur des brisans ou dans des impasses.

Vers quatre heures du matin, le canal que nous nous étions par hasard décidés à suivre s'élargit sensiblement ; les rames purent s'étendre à leur aise de chaque côté de l'embarcation; puis les rochers devinrent plus rares, et enfin nous sortîmes de ce difficile passage.

Peu après nous aperçumes à l'horizon une faible lumière, qui se reflétait dans l'eau. C'était celle de la cange, que nous rejoignîmes au point du jour, à peu près à la hauteur de Wadi-Tafah, de belliqueuse mémoire. Nous étions fatigués, mouillés, ennuyés : nous jurâmes à Farag, il est vrai un peu tard, que nous ne le croirions plus, et nous allâmes dormir.

Le lendemain, dans la journée, nous aperçûmes de loin les restes bien dégradés, mais encore gracieux du temple de Kardassy. Quatre colonnes aux fleurs de lotus épanouies soutenant un énorme monolithe, et placées au sommet d'une colline à pic, dominent pittoresquement le fleuve. Les chapiteaux de deux piliers placés entre les colonnes dont je viens de parler, rappellent trop ceux de Dendérah pour que ce temple ne soit pas dédié à la déesse Hathor. La fleur de lotus épanouie fixe la date de l'érection de ce monument à l'époque ptolémaïque ou romaine.

Vers trois heures, un vent assez violent du nord nous força à nous arrêter. Nous descendîmes à terre. Rarement les canges ont dû stationner dans ces parages : car les indigènes trahirent par leur maintien la frayeur et le respect que nous leur inspirâmes d'abord. Pourtant, après s'être peu à peu rapprochés, ils finirent, sinon par sauter sur nous comme les grenouilles sur le soliveau de la fable, au moins à nous examiner en détail de la tête aux pieds.

Ils tâtèrent nos souliers, nos vêtements, et surtout nos armes à feu. Les gants que je portais leur causèrent aussi une grande surprise. Je les offris à l'un d'eux : il les mit, et, chose curieuse, devint immédiatement pour ses compatriotes presque un objet de terreur. Tous ceux qu'il essayait de saisir avec ses mains gantées poussaient des cris et s'en écartaient comme d'un objet maudit.

De même que les nègres, dit-on, ont l'habitude de représenter le diable avec une peau blanche ; de même peut-être ces sauvages, qui ne se sont de leur vie affublés d'un vêtement, se figurent l'esprit du mal non-seulement vêtu mais ganté.

Je ne croyais pas qu'il fût possible de trouver encore dans cette partie de la Nubie, que bien des voyageurs traversent chaque année, une population aussi complétement sauvage et primitive. J'affirme que je n'exagère pas en disant que ces gens restèrent dans l'ébahissement, quand je tirai un verre de ma poche pour boire le lait que l'un d'eux venait de m'offrir. Ils se passaient ce verre de main en main, se regardaient mutuellement au travers avec un plaisir indicible et s'expliquaient difficilement qu'un liquide pût être retenu par cette matière transparente et sans couleur.

Élevés au milieu de la civilisation, les Européens ne se souviennent même plus de ce que leurs pères ont inventé et regardent maintenant comme fort simples des découvertes qui, à l'époque où elles ont paru, ont pourtant apporté une révolution complète dans les connaissances et dans les usages.

Qu'on pense pourtant à l'admiration que peut inspirer une allumette à un peuple qui ne sait produire le feu que par le choc des pierres; à l'étonnement que lui causerait le gaz et surtout l'effet de la poudre. C'est ce dont nous pûmes nous rendre un compte exact.

Quelques coups de fusils assez heureux nous valurent presque un culte de la part des habitants de ce pauvre Wadi, qui nous amenèrent immédiatement leurs malades, convaincus que d'une parole nous pourrions les guérir.

Cécités, boiteries, paralysies, maladies de la peau, maladies internes, contorsions, difformités, de tout genre, tous les maux enfin dont peut malheureusement être atteinte l'humaine nature, furent exposés devant nous. Jamais la cour des Miracles n'en avait autant renfermé dans son sein, et n'en avait exposé au grand jour avec aussi peu de pudeur.

Un de mes compagnons, quelque peu hâbleur, monta majestueusement sur un talus voisin et se tournant vers cette foule lui adressa en français le discours le plus informe et le plus décousu qu'on puisse imaginer. Il ne craignit pas d'aborder les sujets les plus incohérents, certain qu'il était du reste de n'être compris par aucun de ses auditeurs.

J'oserai à peine décrire le costume de mon ami, mille fois plus grotesque dans son imperfection fantaisiste que la nudité elle-même. La chaleur extrême que nous avions à supporter, et dont je ne parle plus pour ne pas fatiguer le lecteur, nous avait forcés à quitter peu à peu chaque partie de notre costume national. Avec un simple plaid artistement drapé à la manière des toges romaines, l'orateur portait sur la tête un énorme casque en feutre dont les Anglais se coiffent ordinairement aux Indes et qui ressemblent en grand à ceux de nos pompiers.

Il aurait fallu le voir affublé de la sorte, se tournant avec un geste noble vers cette gente souffreteuse, et lui adressant sur un ton de fausset un discours qui commença par ces mots : Peuple barbare.

Narrations de tout genre, lieux communs, conseils politiques et moraux, tout fut successivement traité par notre ami, qui ne craignit pas d'invoquer Émile Augier, Massillon et Ponson du Terrail à l'appui de ses argumentations.

Mon extrême envie de rire, que je contins à peine, fit bientôt place à la pitié, quand je vis le sérieux avec lequel ces pauvres gens écoutèrent les folies de mon compagnon sans pouvoir rien y comprendre.

J'allai immédiatement chercher à la cange les drogues que je pensai devoir leur servir. Je donnai de l'eau de zinc à ceux qui souffraient de l'ophthalmie; des sinapismes aux rhumatisans, du vinaigre aux exhémateux.

Quant aux boiteux et aux difformes, je n'y pris pas garde tout d'abord, mais voyant la fureur les gagner, et ne pouvant rien pour les guérir, je leur fis une grande distribution d'huile de ricin afin de les contenter sans leur nuire. Ils me remercièrent avec effusion. Nous rentrâmes à la cange entourés de cet essaim de bancales dont nous emportions l'admiration et l'amour, et parmi lesquels il ne manquait qu'Ésmeralda et sa gentille Djali pour compléter un tableau connu.

CHAPITRE XVIII

VILLAGE ET TEMPLE DE DEBÔD. — DESCENTE DE LA CATARACTE. — UNE TRISTE SÉPARATION.

Le lendemain nous fîmes notre dernière visite architecturale en Nubie en nous rendant au temple de Debôd. Il est précédé de trois propylons. Quatre colonnes à fleurs de lotus épanouies en forment l'entrée. Ce temple dédié à Ammon-Ra, seigneur de Debôd, à Hathor et par conséquent à Osiris et à Isis, a été terminé sous le règne d'Auguste et de Tibère. Le docteur Leipsius y a trouvé la légende du roi Arkamen, qui régnait en Éthiopie du temps de Ptolémée Philadelphe.

Le petit village qui entoure ce monument est encore plus triste et plus grillé que ses frères de Nubie. Bâti tout près des ruines, au milieu du désert dont il a à supporter la réverbération, il est éloigné des terres cultivées qui nourrissent ses habitants.

Pauvre pays en somme que cette Nubie; misérable population qui ne sait pas ce qu'elle souffre, et qui par conséquent ne cherche nullement à améliorer sa triste situation. C'est en parcourant la Nubie que l'on se trouve non pas heureux, mais coupable de porter avec soi tant de besoins, tant de désirs, tant de mesquineries devenus indispensables, quand un si grand nombre d'hommes n'en soupçonne même pas l'existence.

On me répondra peut-être: S'ils sont nus, ils ont le soleil pour vêtement; s'ils sont pauvres, ils ne meurent pourtant pas de faim; s'ils couchent sur la dure, ils sont malgré cela plus forts et plus vigoureux que nous. — C'est possible; mais ceux qui tiennent de tels discours s'arrangeraient probablement fort mal d'un pareil genre de vie.

Je ne rêve en aucune manière les utopies trop généralement répandues dans notre siècle révolutionnaire; mais je ne peux non plus me défendre d'admirer les nombreux efforts que l'on a faits en France pour améliorer le bien-être des masses, quelque abus qu'il en soit résulté. Le bien doit être fait pour lui-même, tant pis s'il crée des ingrats. Je blâme dans ce moment-ci les gouvernants de ce pauvre pays de monter trop haut dans les sphères du faste et les raffinements du luxe pour apercevoir les souffrances et la misère du peuple qu'ils laissent ramper trop loin derrière eux.

Quand nous remontâmes dans notre cange, le jour commençait à baisser. Nous entrions dans ce magnifique défilé qui précède la première cataracte, dans cette région longue de cinq ou six lieues où le fleuve serpente entre deux énormes montagnes de rochers à pic. La lune brillait de tout son éclat; le temps était calme : nous résolûmes de gagner Philœ dans la nuit.

Je voudrais avoir la plume de Lamartine ou le pinceau de Salvator Rosa, la science de Beethoven ou l'imagination de Chopin, pour chanter cette nuit où toutes les beautés, toutes les poésies, tous les charmes accompagnaient notre cange. C'était la limpidité du ciel, la clarté de la lune, le reflet des eaux, la fraîcheur de l'air, les ondulations de nos étendards, le bruit des rames, le chant des matelots.

D'un côté, les rochers de la rive, très-vivement éclairés, nous montraient leurs formes arrondies ou heurtées, leurs déchirures, leur majesté. De l'autre, la montagne à contre jour nous apparaissait comme une grande muraille noire qui contrastait singulièrement avec l'azur des cieux, sur lequel elle dessinait très-nettement ses contours.

S'il est vrai qu'on se soit souvent servi de symboles pour exprimer un sentiment; si le chien a toujours été l'emblème de la fidélité, et la colombe celui de la douceur, le tigre celui de la férocité, et le renard celui de la finesse; s'il est vrai surtout que les anciens Égyptiens sont partis de ce principe pour inventer leur mode d'écrire; on peut bien dire alors que la nature entière est l'hiéroglyphe de l'existence de Dieu.

En vain, au milieu de ce beau spectacle, les deux grands pylones de l'île de Philœ dessinèrent leur silhouette massive et grandiose; en vain l'un de mes compagnons, doué d'une assez belle voix, fit-il résonner l'air de ses chants harmonieux, rien ne valait la nature elle-même avec le silence qui l'accompagnait.

Nous nous laissions aller au courant. La cange s'engagea dans un des étroits défilés formés par les îles nombreuses qui précèdent la première cataracte. Le fleuve était comme un cristal. Le pilote nous dirigeait habilement dans cette mer de rochers si près desquels nous glissions quelquefois que nous eussions pu les toucher de la main. Enfin nous arrivâmes à l'entrée de la première cataracte, dans ce grand bassin dont j'ai parlé où le Nil paraît être un lac.

Notre voyage en Nubie était tout à fait terminé; la cange fut amarrée au rivage; mais je ne pus me résoudre à quitter cette belle nuit, cette majestueuse nature et cette tendre clarté de la lune, jusqu'à ce que le soleil vînt réclamer de toute la force de ses rayons la primauté d'admiration qu'on lui doit.

Nous ne pûmes ce jour-là encore descendre à Assouan. Le capitaine des cataractes était trop négligent et trop inhabile, au dire du drogman, pour réunir de suite les hommes qu'il lui fallait. Or un seul homme est réellement nécessaire pour la descente de la cataracte. — Farag, Farag, quand diras-tu donc un mot sans mentir?

Ce retard compta parmi les nombreuses contrariétés inhérentes à ce voyage, comme à tous les autres, contrariétés dont on ne se souvient plus au retour non plus que de la fatigue: le souvenir des courses passées reste ainsi une des jouissances les plus complètes, les plus pures et les plus absolues que l'on puisse ressentir.

Nous employâmes cette journée de repos à visiter encore l'île de Philœ avec notre jeune ingénieur anglais, qui venait toujours assidûment nous voir et qui goûtait un charme indicible à jouer sur notre piano les morceaux qu'il avait autrefois appris dans sa famille, et qu'il ne devait pourtant reconnaître en aucune manière, vu l'état indescriptible de l'instrument.

Nous ne négligeâmes pas non plus de faire une courte apparition à l'île de Béghé, voisine de Philœ, et qui possède aussi un temple. Cette île était autrefois connue sous le nom de Snem. On y faisait de nombreux pèlerinages. Son temple était dédié à Chnouphis et à Hathor. Il en reste à peine deux colonnes, dont les chapiteaux indiquent l'époque ptolémaïque. Il paraît que le temple dont on aperçoit ces minces vestiges a été bâti sur les ruines d'un autre plus ancien élevé en l'honneur de ces mêmes divinités par Aménophis II.

Le lendemain de bonne heure, un mouvement inusité dans notre maison flottante nous avertit qu'on se préparait au départ. Nous nous levâmes précipitamment. Une foule de visages inconnus encombraient la dunette et l'avant de la cange. Un Nubien petit mais vigoureux, assez coquettement vêtu, mais d'une physionomie sauvage, s'appuyait nonchalamment sur la barre du gouvernail. C'était le pilote de la cataracte, le seul homme utile pour le passage difficile que nous allions franchir, celui entre les mains duquel se trouveraient bientôt, non-seulement la cange et tout ce qu'elle renfermait, mais notre existence même. Tous les autres étaient là pour invoquer la protection d'Allah et pour nous sauvegarder de tout danger... par leurs prières.

C'était le 25 avril. Le drogman, très-inquiet de son matériel, car on descend rarement la cataracte à cette époque de l'année, mais plus inquiet encore de sa propre conservation, cherchait à nous persuader de descendre de la cange et de contempler de la rive le danger qu'elle allait courir. La peur lui faisait oublier que nous avions visité à fond la grotte des crocodiles, et que par conséquent ses instances, nous présageant quelque forte émotion, devaient nous exciter davantage à rester à bord.

On ne dirige pas les canges par les mêmes défilés à la descente qu'à la montée de la première cataracte. Ce n'était plus une série de petites chutes que nous avions à franchir, mais un seul rapide, long de 200 à 300 mètres, étroitement resserré entre deux murs de rochers à pic.

L'eau bouillonne, écume et saute dans ce

corridor d'une largeur à peine suffisante pour contenir les canges et qui présente dans sa longueur plusieurs détours dont la courbe accentuée ne laisse pas que d'ajouter encore aux difficultés du passage.

Nous nous mîmes en route. Le petit pilote, sans se permettre une distraction, contemplait de son œil noir et perçant tous les rochers qu'il nous fallait éviter et au milieu desquels il nous dirigeait avec une habileté vraiment extraordinaire. Le reste de l'équipage s'acquittait de son office en intercédant pour nous, mais chacun d'une manière différente. Les uns, accroupis autour du pilote, marmotaient des prières en égrenant des chapelets. Les autres poussaient des cris en levant leurs bras écartés ; puis, sautant en l'air, rapprochaient leurs mains, comme pour saisir la divinité dans le ciel et l'attirer à eux. Rien de plus grotesque que ces hommes tout noirs, gambadant comme de vrais pantins alors que leurs visages restaient sérieux et graves et que leurs bouches récitaient des oraisons avec une prodigieuse rapidité. Ces fanatiques semblaient vraiment croire que la protection d'en haut s'obtient par des prières au poids.

Puis, à quelques mètres de l'entrée du rapide,

un silence absolu se fit à bord. Tous ces hommes se couchèrent à plat ventre : le capitaine seul, debout à l'avant du bateau, brandit en l'air un grand bâton pointu et, le lançant dans le tourbillon de toute la force de son bras, conjura l'esprit du mal en invoquant une dernière fois l'intervention de Dieu.

Ce dernier acte termine avec un tel sérieux la comédie qui précède qu'il impressionne malgré soi. Je me hâte d'ajouter que le moment où on l'accomplit contribue aussi à augmenter l'émotion. C'est en effet une impression terrible que de sentir la cange littéralement saisie par le courant. Il n'est alors plus temps de revenir. Aucun moyen humain ne pourrait lutter contre cette force invincible qui vous entraîne avec une rapidité effroyable dans le gouffre béant sous vos yeux.

J'avoue qu'à ce moment dans ma langue et dans ma religion, je me suis uni aux prières des Arabes, ne comptant ni parmi les libres penseurs ni parmi ces ultra-orgueilleux qui ne craignent pas de nier, après le danger passé, l'émotion qu'ils y ont éprouvée même souvent plus que bien d'autres.

La cange s'engage *tête baissée* dans le tourbillon. Elle frôle dans sa course vertigineuse les deux rives de granit qui l'anéantiraient au moindre choc. Elle gravit lestement quelques blocs de rochers recouverts d'une si mince nappe d'eau qu'ils boursouflent au-dessus d'eux la surface du torrent; puis elle franchit l'obstacle, retombe de tout son poids et fait jaillir l'écume comme pour crier victoire.

Les coudes surtout sont effrayants parce qu'ils sont vraiment trop courts pour la longueur du bateau. Aussi, pour les passer, faut-il raser de très-près l'une des rives, puis tourner presque sur soi-même malgré le courant, malgré la vitesse acquise. C'est une minute d'angoisses, car je doute que cela dure plus de temps, où l'on échappe à mille dangers, où la cange court cent fois le risque d'être à jamais perdue.

Aussi quand, après avoir vaincu tous les obstacles, triomphé de toutes les difficultés, on se voit sains et saufs et sans avaries de l'autre côté du rapide, on ne peut se défendre d'une grande satisfaction, que les Arabes se chargent du reste d'exprimer par des témoignages extérieurs.

Ils crient, sautent, gesticulent, trépignent, rament avec frénésie, se roulent, se démènent, se battent, s'embrassent, oublient complétement les quelques passages encore difficiles qui restent à franchir et dans lesquels, sans la protection de Chnouphis, le dieu de la cataracte, on se briserait vingt fois, vu le désordre qui règne à bord et le peu d'attention que l'équipage apporte.

Chnouphis, ou en hiéroglyphe *noum*, analogue à l'hébreu *nouf*, couler, au copte *nef*, souffle, esprit, était regardé par les anciens Égyptiens comme régnant sur les cataractes. Son symbole est le bélier, dont la signification, révélée par Horapollon, est celle d'esprit ou d'âme. Quelques papyrus montrent l'esprit de Chnouphis naviguant sur le liquide primordial : image analogue à celle de la Genèse, où l'on représente avant toute chose l'Esprit de Dieu flottant sur les eaux.

Une déception nous attendait à notre arrivée à Assouan. Le vice-roi avait donné l'ordre qu'un bateau à vapeur fût mis dans cette ville à la disposition de notre jeune ingénieur. La séparation fut immédiate : elle nous coûta beaucoup. Les liaisons sont vite nouées dans les circonstances où nous nous trouvions, et souvent plus étroites que celles formées à la longue en Europe. Nous éprouvions aussi un certain serrement de cœur en songeant que nous serions désormais réduits à nous-mêmes. Déjà depuis longtemps la dernière cange de voyageurs avait quitté Assouan; nous ne pouvions supposer que quelqu'un fût assez entreprenant pour remonter le fleuve à cette époque de l'année; nous allions donc nous trouver seuls à voyager sur le Nil, et cet isolement nous fit un peu l'effet d'un abandon. Le lecteur verra par la suite que parfois à quelque chose malheur est bon; mais comme nous ne pouvions prévoir l'avenir, ce fut avec une vraie tristesse que nous serrâmes la main de notre ami, dont le yacht commençait à chauffer, et que nous donnâmes au drogman le signal de reprendre notre marche de tortue.

Nous envoyâmes un adieu mental à l'île d'Éléphantine, à la ville d'Assouan, au gouverneur de la province, que nous aperçûmes de loin rendant la justice sous un énorme sycomore; puis nous rentrâmes à l'intérieur, tâchant d'oublier notre tristesse en lisant et en nous livrant à une orgie de dominos qui, dois-je le dire? ne s'interrompit guère durant le dernier mois de notre voyage.

Nous admirâmes le magnifique aspect du village de Coubannieb, situé sur la rive gauche du Nil, à environ cinq lieues d'Assouan. Il est entouré de palmiers d'une grosseur et d'une hauteur presque fériques. Nous y passâmes précisément à cette heure de la journée où les femmes viennent ensemble puiser de l'eau à la rivière. Jamais cette scène si simple ne me frappa autant que dans ce village où la vive lumière de la rive, contrastant avec l'ombre épaisse qui régnait sous ces arbres séculaires, et les huttes déjà si petites des fellahs, rapetissées encore par la hauteur des mêmes arbres, donnaient au tableau un cachet oriental et particulièrement égyptien que je n'ai retrouvé nulle part ailleurs avec une aussi réelle beauté.

A partir de Coubannieb sur la rive droite du Nil jusquà Édfou sont des campements sans nombre d'Arabes Abadhieb et Bécharieh, qui descendent de leurs déserts pour vendre leurs chameaux sur les marchés d'Assouan et de Deirawé, et remporter chez eux en échange des grains et des objets à leur usage.

Ces Arabes parlent une langue particulière, Ils nomment leur pays Bejawh et Etbaye. Ils prétendent descendre d'un Turc nommé Couca, dont ils assurent que le tombeau et la statue existent dans une de leurs montagnes rocheuses et désolées nommée Elba.

Nous revîmes avec plaisir le temple d'Ombos

et son pittoresque entourage, ainsi que les carrières de Gebel-Selseleh. M. Linant de Bellefonds a fait des observations curieuses sur les eaux du fleuve en cet endroit. Plusieurs de ces résultats me paraissent exagérés, presque ridicules; mais comme je n'ai pas cherché à les vérifier, et que ces observations ont été faites sous la protection du ministère de la guerre; je ne me permettrais pas d'y rien changer. J'en laisse seulement toute la responsabilité à M. de Bellefonds et à son protecteur.

Largeur du fleuve entre les deux rives exploitées. . . . . 394 m. 50 c.

Section du fleuve, hautes eaux, maximum. . . . . 5,285 m. 30 c.

Vitesse moyenne en une minute. . . . . . id. 143 m. 75 c.

Recette en une minute. . 759,958 m. 48 c.

Gebel Selseleh veut dire montagne de la chaîne. Les traditions rapportent, en effet, que pendant la domination romaine, une chaîne était tendue d'un bord à l'autre du fleuve pour empêcher les barques de passer sans être visitées. On voit encore deux rochers, simulant des piliers gigantesques, placés en face l'un de l'autre, où l'on prétend que cette chaîne était autrefois fixée. C'est aussi à Gebel Selseleh que commence le fameux canal de Reinnawé, qui sert à arroser toute la partie ouest de la vallée du Nil, surface ordinairement plus étendue que la rive orientale. Avant l'existence de ce canal, on manquait souvent d'eau dans le district de Farchiout.

De nombreux canaux, tels que ceux de Sanhour et de Romadé, ont servi à fertiliser d'autres districts qui n'étaient pas arrosés dans les années de crue faible. Depuis quelque temps, on a en outre creusé des bassins de distance en distance, remplis par les inondations et qui facilitent l'arrosage pendant la saison des basses eaux.

Nous avions à peine quitté les carrières de Gebel-Selseleh, lorsque nous aperçûmes derrière nous une fumée noire et épaisse; puis nous entendîmes les battements précipités des roues d'un bateau à vapeur; c'était le yacht de notre ingénieur en route directe pour le Caire et sa brumeuse patrie. On nous salua de trois coups de sifflets en nous dépassant; nous répondîmes par des détonations et en agitant nos chapeaux. Il s'éloigna rapidement et peu à peu disparut à nos regards. Au moment de le perdre absolument de vue, je lui adressai mentalement cette phrase qu'un poëte a qualifiée de sublime aumône du pauvre : Que Dieu le protége !

CHAPITRE XIX

TEMPLE D'EDFOU. — ANTIQUE SOCIÉTÉ ÉGYPTIENNE. — CHASSE AUX PIGEONS.

Le lendemain la cange fut amarrée au rivage d'Edfou. Nous nous rendîmes au temple, monument le plus complet et le mieux conservé de toute l'Égypte.

Rien n'est grandiose comme le pylone qui en forme l'entrée. Longue de 76 mètres et haute de 35 mètres, cette masse monumentale est sculptée depuis la base jusqu'au sommet. C'est la partie la plus moderne de tout l'édifice ; elle est l'œuvre du treizième Ptolémée. Sur la face extérieure de ce pylone, on voit de chaque côté le roi exterminant des prisonniers, représentation naïve dont j'ai déjà parlé. Puis, sur toutes les autres faces, on voit le roi faisant des offrandes aux personnages de la triade adorée à Edfou. C'était, suivant Champollion, Har-Hat, la science et la lumière célestes personnifiées, et dont le soleil est l'image dans le monde matériel ; la déesse Hathor, la Vénus éygptienne, et leur fils, Har-Sont-Tho, l'Horus, soutien du monde qui répond à l'Amour (Éros) des Grecs, et qui est aussi représenté avec une tête d'épervier, bien qu'il diffère complétement de l'Horus de la triade osiriaque. Le docteur Leipsius ne partage pas l'avis de Champollion, en ce sens que, pour lui, cet Horus, qui est écrit ici Harpe-Chroti, est l'Harpocrate, l'enfant posthume d'Isis. Les Romains, ajoute-t-il, ne comprirent pas la signification du doigt placé devant la bouche, et de l'enfant qui ne pouvait pas parler, ils firent l'enfant qui ne voulait pas parler : le dieu du silence.

On se rend très-bien compte, à la vue de ce pylone, de la place où étaient fixés les mâts à banderoles. Quatre entailles prismatiques qui se voient encore sur la face extérieure, servaient à les recevoir et à les maintenir debout.

Après avoir franchi ce pylone, on entre dans une vaste cour de 66 mètres de longueur, entourée d'une belle colonnade dont les chapiteaux varient, comme à Philœ, entre la fleur de lotus épanouie et la feuille de palmier. Cette cour a été décorée sous Soter II. Elle est d'un effet saisissant. Avec la grande salle des colonnes à Karnak, je n'ai rien vu en Égypte d'aussi majestueux et d'aussi complet, et je ne crois pas qu'un seul monument au monde, excepté peut-être Saint-Pierre de Rome, possède un aussi imposant accès.

Cette cour précède le vestibule du temple, soutenu par dix-huit colonnes, et rappelant beaucoup l'unique salle qui subsiste encore du temple d'Esneh. Ce vestibule a été construit par Philométor et Ptolémée IX.

Tout le reste de ce temple, à l'exception d'un mur d'enceinte qui l'entoure de toutes parts, présente le même aspect et les mêmes dispositions que celui de Dendérah. La partie la plus ancienne est le sanctuaire et les chambres qui l'entourent. Cette partie est due à Ptolémée IV Philopator; les salles du centre sont de Ptolémée VI Philométor.

La construction proprement dite de ce temple dura donc quatre-vingt-quinze ans; mais il s'écoula cent soixante et onze ans depuis sa fondation jusqu'à son achèvement complet.

Le saint des saints était renfermé dans une énorme niche monolithe de granit, que l'on peut encore admirer. Les inscriptions qui décorent cette niche, dit M. Mariette, en certifient la provenance et la date, et on peut affirmer que ce monolithe avait été creusé par Nectanébo Ier (trentième dynastie), pour servir de *naos* à un temple, actuellement détruit, qui s'élevait sur l'emplacement même de celui que l'on visite aujourd'hui. Comme à Dendérah, cette sorte de châsse monumentale servait à enfermer l'emblème mystérieux de la divinité.

Le temple d'Edfou a 76 mètres de façade et 138 mètres de profondeur. Le mur d'enceinte, dont j'ai parlé plus haut, offre des bas-reliefs fort intéressants. On y trouve l'image de scènes qui se passaient autrefois en Égypte, soit sur le Nil même, soit sur ses bords. Des barques sans nombre y sont représentées. La pêche paraît être un des passe-temps favoris, car la plupart des tableaux indiquent le mode employé à cette époque pour ce genre d'occupation. On y voit que la pique surtout et le trident y étaient en grand honneur. Des tableaux de chasse et de cérémonies religieuses contribuent beaucoup aussi à intéresser le touriste.

Aucun de mes lecteurs n'ignore certainement que, pour représenter un monument quelconque, les architectes se servent actuellement de certains procédés empruntés à la géométrie descriptive, à l'aide desquels, non-seulement la forme du monument, mais ses proportions et ses moindres détails sont parfaitement définis. Quel n'a pas été mon étonnement quand j'ai aperçu sculptées en relief, sur le toit du temple d'Edfou, les deux projections de ce même temple aussi scientifiquement rendues que l'aurait pu faire un architecte actuel.

Pauvre XIXe siècle, quel est donc ta primauté? On t'intitule souvent le siècle du progrès. Par qui n'as-tu donc pas été dépassé? Tu n'excelles ni en sagesse, car Solon et Socrate ont autrefois vécu; ni en folie ou en corruption, car certains empereurs romains te surpasseront toujours; ni en créations artistiques, après Jules II et François Ier; ni en paresse, après les rois fainéants; ni même peut-être dans les sciences, malgré tes prétentions, car l'architecte d'Edfou appliquait déjà une de tes plus utiles découvertes.

Siècle banal par excellence, remarquable seulement par la duperie universelle : duperie du peuple par des agitateurs soi-disant libéraux; duperie de ces agitateurs par des collègues plus avancés; duperie de ces derniers par une réaction despotique; duperie de la monarchie par des ministres ignorants; duperie des ministres par des chambres; duperie des chambres par des envahisseurs, et duperie des envahisseurs par la richesse et l'opulence, à la place desquelles ils ne trouvent qu'ignorance, misère et pauvreté.

Aussi, pour n'être pas dupe, faut-il se reporter à des temps plus prospères; en admirer les belles créations littéraires et artistiques, et oublier son temps en étudiant les autres. L'Égypte est en ces choses un des champs les plus fertiles, et on peut dire un des plus fleuris en visitant le temple d'Edfou; l'ensemble de ce monument est vraiment admirable de grandeur, de majesté, d'harmonie, et aussi de conservation.

On s'étonnera certainement qu'un peuple dont l'existence a laissé de pareils vestiges n'ait pour ainsi dire rien transmis de sa vie particulière ni de ses constitutions. Tous les auteurs sont pourtant d'accord et les monuments en font foi :

La caste sacerdotale formait l'aristocratie du pays. Diodore nous apprend en outre que cette caste, dont la hiérarchie formait de nombreuses subdivisions, toutes également héréditaires, avait ses principaux colléges à Thèbes, à Memphis, à Héliopolis et à Saïs. Chaque collége, qui avait pour résidence un des temples les plus considérables du pays, avait un patron céleste dans la divinité à laquelle il était spécialement consacré; son grand prêtre, qui le présidait; ses domaines libres de tout impôt; ses revenus et son trésor administrés par un membre du collége.

Mais, outre cette propriété commune, les prêtres possédaient encore des propriétés particulières. Ils remplissaient tous les emplois publics, exerçaient toutes les fonctions lucratives. Ils étaient à la fois les grands propriétaires et les administrateurs de l'État. Ils formaient un corps politique et un corps savant; leur empire se fondait tout ensemble sur leurs propres lumières et sur la religion des peuples, qui voyaient en eux les interprètes des dieux.

La royauté était héréditaire; mais quand la famille royale venait à s'éteindre, le roi qui devait commencer une dynastie nouvelle était élu par les prêtres et les guerriers dans une assemblée solennelle. Le roi fut choisi d'abord dans la caste sacerdotale, et depuis, quoique très-anciennement encore, dans la caste militaire. Mais, par une transaction habile, les prêtres établirent que, du moment où un guerrier serait désigné pour le trône, il ferait partie de leur corps, serait sacré, initié comme prêtre, et entrerait avec eux en communauté de priviléges et de lumières, de devoirs et d'intérêts.

Clément d'Alexandrie nous apprend, en second lieu, que les prêtres avaient la tête et le corps entièrement rasés, et dans le deuil seulement laissaient croître leurs cheveux et leur barbe. La plus grande propreté leur était ordonnée, car ils se baignaient deux fois le jour et autant la nuit : ils ne portaient que des habits de lin et des chaussures de papyrus. Les aliments leur étaient fournis par les classes inférieures, auxquelles ils affermaient les biens du temple. Le poisson leur était interdit. Eux seuls au contraire et le roi pouvaient boire du vin, mais la mesure en était marquée. Non-seulement ils ne mangeaient pas la chair du porc, mais ils en fuyaient même la vue.

Après la caste sacerdotale, dit Hérodote, venait la caste militaire, aristocratie moins légitime et existant par le droit de la force. Elle se divisait en deux grandes tribus : les Hermotybiens, qui s'élevaient à cent soixante mille hommes, et les Calasiriens, dont le nombre a atteint deux cent cinquante mille hommes dans les temps de splendeur. Chaque soldat avait douze aroures de terrain exemptes de tribut (1). Tous les ans mille Calasiriens et autant d'Hermotybiens, choisis tour à tour pour servir à la garde du roi, recevaient une haute paye en nature. Il paraît certain que cette caste militaire resta très-inférieure aux prêtres en culture intellectuelle. La loi, dit le docteur Creuzer, avait interdit aux soldats, aussi bien qu'aux prêtres, toute occupation purement mécanique ou mercantile. Les uns comme les autres, selon toute apparence, affermaient leurs terres aux cultivateurs, classe très-honorée en Égypte, où l'agriculture était si florissante.

Une autre division renfermait les mariniers, c'est-à-dire les bateliers du Nil, classe très-considérable, car elle seule établissait les communications dans un pays inondé la moitié de l'année, et qui n'a guère d'autres routes que ses canaux.

Venait en dernier lieu la caste des pasteurs, divisée par Hérodote en bouviers et en porchers. Parmi les bouviers, il faut distinguer les tribus fixées, qui s'adonnaient à l'éducation des troupeaux, et les hordes nomades, que les Égyp-

(1) L'aroure était une superficie équivalente à 2 ares et 37 mètres carrés.

tiens avaient en horreur. Les premières étaient soumises à la police commune; les autres demeurèrent toujours plus ou moins indépendantes.

Quant aux porchers, ils étaient regardés comme impurs, étaient exclus de la société des hommes et de l'accès des temples : c'étaient les parias de l'Égypte.

Nous quittâmes Edfou vers trois heures de l'après-midi. Le courant nous emportait dans sa course rapide vers cette Thèbes antique dont nous désirions tant parcourir et étudier les ruines.

Je commençais à comprendre, sinon à partager complétement, l'enthousiasme de certains voyageurs au retour d'Égypte. Les temples de Dendérah, de Kalabscheh, d'Ibsamboul et d'Edfou, étaient certainement des créations gigantesques, témoins incontestables d'une civilisation intelligente, laborieuse et instruite. Si j'ajoute que je ne partage pas complétement l'enthousiasme général, c'est en me plaçant au point de vue exclusivement artistique, qui laisse en effet un peu à désirer dans les monuments égyptiens. Les pylones, tout en étant quelquefois grandioses et imposants, sont aussi, à mon avis, lourds, massifs et disgracieux de forme; les colonnes sont généralement trop grosses pour leur élévation, les chapiteaux souvent trop évasés; et les sculptures surtout sont imparfaites. Et cependant, comment ne pas admirer les propylons, ces grandes portes qui séparent les deux masses des pylones, larges et belles ouvertures qui atteignent quelquefois, comme à Edfou par exemple, des proportions gigantesques; les portiques vraiment monumentaux avec leurs six ou huit grosses colonnes; les vestibules, belles et vastes salles où se promèneraient des bataillons entiers; et enfin l'ensemble même de ces demeures sacerdotales et sacrées, leur aspect unique, leur style qu'on ne rencontre dans aucun autre pays?

Je ne suis donc ni parmi les admirateurs aveugles de l'art égyptien, qui n'ont pas craint de prôner les bas-reliefs de Philœ ou les peintures de Béni-Haçan; ni parmi les esprits étroits et exclusifs qui n'admettent pas tous les genres, et qui, en dehors de deux ou trois créations de l'art dont ils vous obsèdent sans merci, dénigrent tout, critiquent tout, par parti pris et sans examen.

Le jour allait tomber, quand je signalai à mes compagnons une longue traînée noire sur un des nombreux bancs de sable répandus çà et là dans le fleuve. Nous nous dirigeâmes de ce côté avec la petite barque. Nous constatâmes bientôt la présence d'une société innombrable de pigeons ramiers.

Les fellahs propriétaires ont la curieuse habitude de bâtir sur leurs domaines des sortes de tours carrées en terre, percées de trous et disposées à l'intérieur de manière à y loger commodément des pigeons. Jamais pourtant les fellahs ne tueraient l'un de ces animaux pour leur nourriture : ils vont seulement deux fois l'année récolter leur fiente pour fumer leurs terres. Aussi le ciel d'Egypte est-il presque obscurci par ces pigeons, qui croissent et se multiplient dans des proportions incommensurables. Plusieurs tribus s'étaient probablement donné rendez-vous sur ce banc de sable près duquel nous étions, car le sol disparaissait absolument sous leur nombre.

Nous avions rarement visé des pigeons, sachant déplaire aux fellahs, et encore ne l'avions-nous fait que pour nous exercer lorsque ces volatiles passaient à tire d'aile au-dessus du bâteau. Mais ici l'occasion était trop belle ; aucun village ne s'apercevait à l'horizon. Les oiseaux étaient si serrés, si nombreux, que nous ne pûmes résister au désir sanguinaire de faire une véritable boucherie.

Nous visâmes tous les quatre à la fois, nous apprêtant à presser chacun nos deux détentes. Les huit coups partirent sur un signal. Le résultat dépassa notre attente. Parmi ces pauvres bêtes, peu échappèrent complétement; quelques unes essayèrent de s'enlever, puis, tournoyant en l'air, finirent par retomber; d'autres, blessées à l'aile, s'enfuirent en courant, mais elles ne tardèrent pas à rencontrer le fleuve, où elles s'arrêtèrent; le plus grand nombre était là, gisant sur le sable, foudroyé au premier choc.

Quelques enfants, attirés par les décharges de nos armes à feu, se mirent immédiatement à la nage, afin de nous dérober notre propre larcin; nous envoyâmes les matelots leur disputer le butin. Malgré les pertes, nous remportâmes encore à la cange soixante-quinze pigeons ramiers, que nous donnâmes à l'équipage.

Ces malheureux matelots, ordinairement si frugals, firent tout disparaître en un repas. Nous leur envoyâmes de l'eau-de-vie pour faciliter la digestion; ils en burent une quantité prodigieuse, malgré la loi de Mahomet, ce qui les mit en gaieté, et quelques bouffées de atchich achevèrent de porter leur folie au comble.

Deux d'entre eux saisirent des instruments

de musique arabes, d'autres les accompagnèrent en battant des mains, et un dernier se mit à danser.

C'est une véritable acrobatie qu'une danse arabe, et je doute qu'on puisse parvenir à cet art, à moins de s'y être formé dès le bas âge. Ce matelot exécuta un pas dit de l'abeille, qui consiste à faire semblant d'être piqué sous ses vêtements par une de ces mouches. Rien ne peut donner l'idée des contorsions, des dislocations auxquelles se livra ce malheureux, feignant de chercher l'animal. Après mille essais infructueux, il commença à se débarrasser peu à peu de ses vêtements, et cela sans soubresauts, sans mouvements brusques. L'abeille, une fois saisie et écrasée, le danseur se rhabilla de la même manière et simula par mille gambades et mille gestes la joie qu'il éprouvait d'être délivré d'une mouche aussi importune et aussi indiscrète.

Notre route se continuait vers le nord. Chaque jour était marqué par quelque incident, tantôt gai, tantôt triste; par quelques rafales de vent propice ou quelque ensablement.

Enfin, après ces mille riens qui se succèdent à chaque minute dans la vie du voyageur, mais que je tairai parce qu'ils sont dénués d'intérêt pour ceux qui n'en ont pas été témoins, nous jetâmes l'ancre à Louqsor, le 5 mai à trois heures du soir, au milieu des détonations de tous les consulats de la ville, auxquels nous répondîmes de notre mieux.

CHAPITRE XX

TEMPLE DE LOUQSOR. — COLOSSES DE MEMNON. — PALAIS DE MÉDINET-ABOU.

Comme nous étions les seuls Européens présents à Louqsor, nous fûmes immédiatement recherchés par toutes les autorités, qui rivalisèrent de somptuosité dans leurs réceptions. Nous trouvâmes, dès notre arrivée, une invitation à dîner pour le lendemain au consulat de France, pour le surlendemain au consulat d'Angleterre, et pour le jour suivant au consulat d'Autriche.

Comme la journée s'avançait, nous nous contentâmes pour ce soir-là de faire une courte visite au temple de Louqsor. Il est en grande partie obstrué par les huttes des fellahs, et c'est aussi sur la frise d'une des colonnades de ce temple que fut construite la maison dite de

France, où logeait autrefois le consul, avant que celui de Prusse ne devînt aussi le nôtre et ne cumulât ainsi la représentation des deux pays.

Cette pauvre maison de France tombe chaque jour en ruines; déjà quelques plafonds sont effondrés, quelques murs sont affaissés et le reste ne tardera pas à disparaître, image hélas, trop exacte à l'époque où nous nous trouvions de notre malheureuse patrie. Puisse un habile architecte relever bientôt ce consulat sur ces mêmes ruines de Louqsor et lui rendre son ancienne élégance et sa solidité, tandis qu'un gouvernement prudent et fort arriverait à reconstituer la France sur les ruines, hélas! qui s'y sont amoncelées, et la referait brillante et prospère, comme elle a bien le droit de l'être.

Le temple de Louqsor remonte au règne d'Aménophis III de la dix-huitième dynastie. Une pompeuse inscription, placée dans les architraves du temple, en fait foi :

« Aménophis III, dit-elle, l'Horus, le taureau puissant; celui qui domine par le glaive et détruit tous les barbares; il est le roi de la Haute et de la Basse-Égypte, le maître absolu, le fils du Soleil. Il frappe les chefs de toutes les contrées. Aucun pays ne tient devant sa face. Il marche et il remporte la victoire comme Horus, fils d'Isis, comme le soleil dans le ciel. Il renverse les forteresses de ses ennemis. Il obtient pour l'Égypte les tributs de toutes les nations par sa vaillance; lui, le seigneur des deux mondes, le fils du Soleil. »

Il ne reste de ce temple que plusieurs colonnades, dont l'une mérite seule l'attention du voyageur. Chaque colonne a 45 pieds de haut, et une circonférence telle qu'il faut *trois hommes pour l'embrasser*. C'est au milieu de ce beau reste qu'est bâti en planches et en boue sèche le consulat d'Angleterre. Entendons-nous toutefois sur ces pompeuses dénominations. Tous ces soi-disant consuls sont bien en réalité des agents reconnus par les gouvernements dont ils portent pavillon, mais ne sont chargés d'aucune affaire.

Le temple de Louqsor a été terminé seulement sous Ramsès II, qui fit élever les pylônes, les colosses qui les précèdent et enfin les deux obélisques, dont l'un fut transporté sur la place de la Concorde à Paris.

Le lecteur pourra remarquer que sur chaque face de cet obélisque devenu français, il y a trois colonnes d'hiéroglyphes; voici en peu de mots la signification de ces signes :

Face nord.

La colonne du milieu mentionne l'élévation de deux obélisques en granit rose à la porte du temple par le roi Ramsès II. Les deux colonnes latérales contiennent des louanges prodiguées au Pharaon pour ses nombreuses victoires. A gauche il est dit qu'il a parcouru tout le monde et dompté le cœur des rebelles; à droite, que ce Pharaon a fait trembler tous les peuples. (Le verbe *trembler* est représenté par un pélican, qui, d'après Lenormant, serait un oiseau trembleur.)

Face ouest.

(Autrefois tournée vers le Nil.)

La colonne du milieu raconte au voyageur qui passe et repasse sur le fleuve les travaux du grand Ramsès; elle parle du temple qu'il a fait élever dans Thèbes au dieu Ammon. Les colonnes latérales louent aussi le Pharaon, mais ne mentionnent aucun fait déterminé. A droite, on promet à son nom l'éclat et la durée même du ciel; à gauche on semble le célébrer comme le fils du phénix solaire.

Face sud.

La colonne du milieu rappelle l'origine de

l'obélisque même et son extraction des carrières de Syène. Les colonnes latérales sont encore des louanges à Ramsès, non comme conquérant, mais comme constructeur.

Face est.

La colonne médiale fait allusion à la majesté du roi quand il pénétrait dans le temple : ce roi, dit la légende, dominateur et soleil resplendissant sur le monde entier; celui, dit la colonne de droite, sous les sandales duquel sont les chefs de la terre entière.

Quant à la colonne de gauche, elle n'a pu, paraît-il, être complétement traduite.

Le consul de France et son fils acceptèrent ce soir-là à dîner sur notre cange. C'était pour nous une vraie satisfaction que de les revoir, et je dois dire qu'elle semblait partagée par eux. Ils nous exprimèrent l'inquiétude qu'ils avaient ressentie en ne nous voyant pas arriver plus vite. Nous leur racontâmes de notre côté tous nos ennuis provenant des éléments ou de l'équipage. La connaissance de l'anglais, que possédait le fils du consul, nous permit de nous passer de Farag, notre interprète ordinaire : nous pûmes donc parler ce soir-là à cœur ouvert, ce dont nous avions grand besoin.

Ce double agent consulaire a tellement horreur de la locomotion que, malgré ses cinquante ans passés, il n'est jamais sorti de Louqsor. Son pauvre fils en souffre bien un peu, mais en garçon soumis, il a partagé jusqu'à présent avec un courage exemplaire la stabilité paternelle. La conversation se composa alors principalement des questions que nous firent ces deux Égyptiens sur leur propre pays. Du reste, je vis avec un grand étonnement à quel point ils ignoraient la géographie, malgré leur intelligence et leur aptitude même particulière pour d'autres connaissances. Ainsi, pour eux, notre voyage de retour consistait à gagner le Caire, qui leur paraissait à une distance incommensurable. A partir de là, le chemin qui nous restait à parcourir pour arriver en France, le mode de locomotion que nous devions employer, tout cela était très-vague dans leur esprit.

Ce qui les étonna le plus, dans ce que nous leur racontâmes de notre chère patrie, c'est que la température est assez froide en hiver pour former de la glace. Voir l'eau transformée en solide, traverser des rivières à pied sans couler à fond; tout cela leur semblait des phénomènes si extraordinaires que je doute qu'ils aient même ajouté une foi complète à nos récits, et pourtant le lecteur peut juger si nous avons été véridiques. J'espère alors qu'aucune partie de mon travail ne lui inspirera les mêmes tentations de doute.

Le lendemain, nous traversâmes le fleuve de grand matin. De petits ânons nous attendaient sur l'autre rive : nous allions visiter le palais de Médinet-Abou, en passant par les colosses de Memnon.

Du plus loin qu'on les aperçoit, on est frappé d'étonnement. Ces deux grandes statues, quoique beaucoup moins hautes que les cariatides du temple d'Ibsamboul, vous apparaissent avec des proportions gigantesques, isolées qu'elles sont au milieu de la vaste plaine d'Égypte. Ces proportions semblent croître à mesure que l'on s'approche, et l'impression est vraiment profonde lorsqu'on se trouve aux pieds de ces deux grands géants assis, s'élevant encore à seize mètres au-dessus du sol, malgré leur enfouissement et malgré leur vieillesse.

Ils sont grands en effet, par leurs proportions et par leur masse, car l'un d'eux est encore monolithe, par leur ancienneté, par leur origine et par leur but; grands par leur histoire et par leur poétique légende; grands enfin par leur isolement, par leur abandon et par leur dégradation même.

Ces deux colosses servaient à orner la face d'un temple. Des restes d'architraves et de colonnes, des fragments de bas-reliefs et d'inscriptions trouvés sur l'emplacement de ce temple, ont permis d'en connaître la date et d'en reconstruire le plan. On a vu ainsi que cet immense édifice devait être attribué à Aménophis III, et qu'il n'avait pas moins de dix-huit cents pieds de longueur. Mais revenons aux colosses.

En l'an 27 avant notre ère, un tremblement de terre renversa la partie supérieure de la statue du nord. L'histoire raconte que, peu après cet accident, un tintement sonore s'échappait de cette statue ainsi dégradée quand le soleil venait au matin la frapper de ses rayons. Une grande quantité d'inscriptions dans toutes les langues viennent du reste attester la véracité de ce fait. Il y en a une de Titus Lupus, préfet de l'Égypte, une autre de Marcus Vérus, fils de Julien; il y en a de l'empereur Adrien, de Strabon et de beaucoup d'autres.

Je n'en citerai qu'une seule qui m'a paru plus poétiquement composée que les autres: « Ta mère, la déesse Aurore, aux doigts de rose, ô célèbre Memnon, t'a donné une voix pour moi qui désirais t'entendre. La douzième année de l'illustre Antonin, le mois de pâchon, comptant treize jours; deux fois, ô être divin, j'ai entendu ta voix, lorsque le soleil quittait les flots majestueux de l'Océan. Jadis le fils de Saturne, Jupiter, te fit roi de l'Orient; maintenant tu n'es plus qu'une pierre et c'est d'une pierre que sort ta voix. Gémella a écrit ces vers, étant venu ici avec sa chère épouse Rufil.a et ses enfants (1). »

Presque tous les auteurs prétendent que cette voix émise par le colosse de Memnon doit être attribuée au desséchement de la rosée du matin aux premiers rayons du soleil. Ce n'est pas mon avis. En effet, la rosée ne produit nulle part ailleurs un semblable phénomène, et de plus il m'a été impossible de constater nulle part en Égypte, et de quelque côté que le vent souffle, l'existence même de la rosée. L'air est tellement sec, que tous les objets que nous avions apportés d'Europe, en bois, en ivoire, en corne, se fendaient dans ce climat, au point de se briser parfois complétement. Quel abaissement de température pourrait donc produire la rosée dans une pareille atmosphère? Cette voix qui a donné une si grande célébrité au colosse de

(1) Mariette.

Memnon, doit être attribuée, ce me semble, la désagrégation de la pierre, dont les parties extérieures se dilataient plus rapidement à l'action du soleil. Toutes les substances peu conductrices de la chaleur produisent un son analogue. Une expérience bien connue en chimie consiste, selon l'expression des savants, à faire crier le soufre en serrant simplement dans la main un bâton de cette matière. Cette expérience reproduit en petit le phénomène du colosse de Memnon.

Ce colosse fut reconstruit avec des blocs disposés par assises sous le règne de Septime Sévère. Cette reconstruction fit taire la voix de la célèbre statue, qui avait donc chanté environ deux cent cinquante ans.

Après avoir examiné ces deux colosses sous toutes leurs faces et sous tous leurs aspects, après avoir vainement supplié Memnon de nous faire entendre sa voix, nous reprîmes nos montures et nous nous dirigeâmes vers le temple et le palais de Médinet-Abou.

Quelle étrange destinée ont parfois les choses et les hommes ! Quel retentissement a eu la ruine de Jérusalem, prédite et chantée par les prophètes ! que de fois nous pensons encore à cette ville sainte, qui se rattache par tant de liens à notre religion et à notre histoire! Qu'était-ce pourtant que Jérusalem, en comparaison de cette Thèbes aux cent portes qui a subsisté pendant près de deux mille ans, dont il ne reste çà et là que des ruines attestant sa grandeur passée et par conséquent la profondeur de sa chute! Si certains lieux peuvent être regardés comme jouissant d'une protection spéciale de la Providence, il en est d'autres vraiment sur lesquels Dieu a l'air de faire tomber sa colère avec acharnement et sans merci. Après la grande capitale de l'Egypte, une ville romaine dont il ne reste plus trace, et plus tard une ville copte dont on aperçoit encore de minces vestiges en boue et en briques crues, s'élevèrent sur ces champs que nous foulons aux pieds. De toutes ces générations qui ont vécu sur cette terre maudite, il ne reste que plusieurs tombeaux violés et dégradés à l'envie par les antiquaires et les touristes ; sur l'emplacement de cette cité autrefois brillante et agitée tour à tour par des guerres et des révolutions, il ne règne à présent que la solitude et le silence : seuls les aigles et les vautours planent et se croisent sur cette triste campagne; dignes gardiens de la malédiction céleste, carnassiers vigilants qui dévoreraient dans l'œuf tous les germes de vie assez téméraires pour essayer d'y grandir et d'y fructifier.

Le temple de Médinet-Abou est une production de l'époque la plus florissante de la vingtième dynastie. Ramsès III a élevé cet édifice à côté de son palais en mémoire de ses glorieux faits d'armes. Du reste aucune partie n'a été négligée : sur les murs extérieurs, dans les corridors, dans les entre-colonnements, sur les colonnes mêmes, sont sculptés des bas-reliefs, rappelant les nombreuses batailles livrées par le roi fondateur. Le principal de ces bas-reliefs, le seul du reste dont je parlerai, représente le cortége du roi allant remercier la divinité de lui avoir donné la victoire. Ramsès III sort de son palais, porté en triomphe par douze chefs militaires. Le monarque est assis sur un fauteuil, dont les bras représentent des ailes d'autruche, symbole de justice. Le sphynx, emblème de la sagesse unie à la force, et le lion, symbole du courage, sont debout près du trône. Les officiers agitent par derrière les flabellums et les éventails du roi. De jeunes enfants portent son sceptre, l'étui de son arc et ses autres insignes. Puis viennent des princes de la famille royale, de hauts fonctionnaires de la caste sacerdotale et des chefs militaires. Des guerriers portent sur leurs épaules des escabeaux qui, d'après Champollion, doivent être placés devant le trône du roi quand celui-ci veut descendre. En tête du cortége marchent les musiciens, les familiers du roi; enfin le fils aîné de Ramsès, qui brûle de l'encens devant son père. Plus loin, le roi offre lui-même de l'encens et des présents au dieu Ammon que l'on voit entouré de fleurs de lotus, symbole de lumière, et ayant en main le fouet, symbole du commandement. Vingt-deux prêtres portent ensuite sur un palanquin la statue du dieu entourée de flabellums, d'éventails et de rameaux de fleurs (fig. 4).

Cette partie de la procession est représentée avec toute la naïveté habituelle des dessins égyptiens. Un simple carré blanc simule le palanquin. Quant aux vingt-deux porteurs, ils sont représentés par vingt-deux petits arcs de cercle au-dessus du carré blanc dans lesquels on doit voir vingt-deux têtes, et par quarante-quatre pieds mal dessinés au-dessous de ce même carré! Je ne nie pas que ces processions aient pu offrir par elles-mêmes un certain degré de faste et de somptuosité; mais il faut vraiment toute la brillante imagination des savants pour découvrir ce luxe dans les bas-reliefs qui les représentent.

Le roi marche devant ce palanquin, précédé

dun taureau blanc, symbole vivant de la divinité; un prêtre encense l'animal sacré. La reine est, d'après Champollion, spectatrice de la cérémonie. Il faut convenir que les Égyptiens, si le célèbre savant dit vrai, avaient peu l'idée de la perspective. Placée complétement sur la tête d'un des personnages du cortége divin, cette figure royale semble étrangère au bas-relief principal. J'ai vu du reste ailleurs des personnages dessinés ainsi au-dessus ou au-dessous du cortége triomphal ou de la bataille dont ils faisaient partie, quand l'artiste n'avait pas trouvé dans le panneau à décorer une longueur suffisante pour sculpter ces personnages à la place qu'ils auraient dû occuper. Mais revenons à notre cortége.

Dix-neuf prêtres marchent tout à fait en avant, portant les diverses enseignes sacrées, les vases, les tables et tous les ustensiles du culte. Ces prêtres sont représentés par de simples triangles blancs, au sommet desquels sort une tête et sous la base desquels sont attachés deux pieds tellement fixes et tellement d'aplomb que rien ne peut faire supposer qu'ils sont en marche. Ces têtes sont surmontées tantôt d'un épervier, tantôt d'un chacal; quelquefois d'un bœuf, puis de divers signes de forme particulière.

Décidément il ne faut pas chercher la perfection dans l'art égyptien. Comme je l'ai dit plus haut, en dehors de certains édifices bien conservés dont la masse étonne et émeut le voyageur, en dehors de certaines têtes de femme vraiment typiques dans les bas-reliefs de l'époque de Séti Ier et de Ramsès II, on ne trouve dans les constructions égyptiennes qu'une exagération grossière dans les proportions d'ensemble, et qu'une naïveté risible à force d'être primitive dans les détails et dans les dessins. Que doit-on penser d'un bas-relief que j'ai vu précisément à Médinet-Abou, dans lequel la soumission d'un peuple est exprimée par un monceau de mains et de pieds coupés, placés en signe de trophée devant la figure royale! L'idée de ce bas-relief est certainement flatteuse et symbolique; mais à quoi servirait à ce royal seigneur une domination, quelque absolue qu'elle puisse être, sur un peuple privé ainsi de ses quatre membres ?

Médinet-Abou peut compter, malgré ces incorrections de détails, parmi les monuments les plus intéressants à visiter. Les deux extrémités ont malheureusement un peu souffert du temps, mais il reste encore deux cours parfaitement intactes entourées d'une double rangée de colonnes et de piliers à cariatides de l'effet le plus imposant.

Une construction importante et gracieuse s'élève auprès du temple de Médinet-Abou. Les savants pensent généralement que c'est là le reste de l'ancienne demeure de Ramsès III. Quatre tours carrées de dimensions différentes, reliées par des corps de bâtiment, forment l'ensemble de cet édifice. Contrairement à ce qui existe dans les temples, de belles et gracieuses ouvertures rappelant un peu, quoique de bien loin, les fenêtres renaissance, sont ménagées sur toutes les faces de ce bâtiment, seul monument d'Égypte dont on puisse dire : Ce n'est ni un temple ni un tombeau.

CHAPITRE XXI

DINER TURC. — TOMBEAU DES ROIS.

Nous rentrâmes en passant par le temple de Cournah, qui offre si peu d'intérêt en comparaison des autres monuments de Thèbes, que je ferai grâce au lecteur de le décrire.

J'ai déjà dit qu'une tente en toile épaisse servait à protéger la dunette de notre cange contre les rayons du soleil. Or cette tente avait été depuis notre départ l'objet d'altercations continuelles avec le capitaine. Le vent était-il contraire, celui-ci prétendait que cette toile, malgré sa position horizontale, s'opposait au travail des matelots. Si le vent était favorable, elle lui donnait, disait-il, trop de prise et rendait ainsi notre navigation périlleuse. Quand nous revînmes de Médinet-Abou, fut-ce oubli ou mauvaise volonté de sa part? toujours est-il que la tente n'avait pas été dressée. Le soleil avait dardé ses rayons tout à son aise sur le plafond de notre appartement. Une température épouvantable régnait à l'intérieur. Nous résolûmes de satisfaire dans cette circonstance toutes nos rancunes amoncelées contre le capitaine au sujet de cette toile. Nous allâmes trouver le gouverneur de Louqsor, et, après quelques pourparlers, nous obtînmes trois jours de prison pour les deux matelots de quart, et quarante coups de bâton pour le capitaine. Nous ne ménagions plus notre équipage.

Triste peuple que ces mahométans, sans énergie pour le mal comme pour le bien. On ne peut les réveiller de leur apathie que par la souffrance physique. Nous le comprîmes malheureusement trop tard, mais nous sûmes nous dédommager par la suite des ennuis que notre bonté exagérée pour eux dans le principe nous avait causés.

Rester dans la cange était impossible; l'air y était étouffant, au point que tout donnait au toucher l'impression de la chaleur. Non-seulement les murs, mais les meubles, l'ivoire du piano, les porcelaines mêmes étaient à la température ambiante. Deux de mes compagnons allèrent chercher un peu de fraîcheur sous les colonnades du temple de Louqsor, et je partis à âne avec le troisième pour faire une première visite aux importantes ruines de Karnak.

Je ne dirai rien à présent de ce monument, où il nous fallut retourner plusieurs fois pour l'apprécier à sa juste valeur. Nous errâmes çà et là au hasard, dans les salles, dans les corridors, dans les cours, montant sur les pylones, gravissant des monceaux de ruines jusque sur des plafonds encore intacts, nous égarant dans ce dédale immense, dans ce reste le plus considérable, sinon le plus beau de toute l'Égypte. Au milieu de cette course effrénée, sans ordre et même sans but, nous arrivâmes dans une énorme salle où s'ébattait un groupe assez nombreux de jeunes indigènes. Les uns se livraient à un jeu tout à fait local, dont je n'ai pas appris la clef, mais qui consiste pour le témoin ignorant à verser inégalement une certaine quantité de petits cailloux dans des trous placés symétriquement. Les autres avaient choisi un exercice plus violent. Après avoir fait treize tours sur eux-mêmes, le poing fixé à terre, ils devaient aller ramasser une pierre désignée à quinze ou vingt pas de là. Peu d'entre eux parvenaient à réussir, étourdis qu'ils étaient par leur rotation précédente.

Un de ces enfants fixa immédiatement notre attention. Il était plus proprement vêtu que les autres et semblait avoir une certaine prépondérance sur le reste de la troupe. C'était probablement le fils du syndic de l'endroit. Mon compagnon, assez habile dessinateur, prit immédiatement ses crayons et commença à croquer notre marmot, qui nous parut du reste habitué à la chose : saisissant un de nos ânons par la bride, il prit une pose gracieuse qui fit encore ressortir aux yeux du peintre ses grands yeux noirs et ses cheveux demi-crépus qui lui allaient à merveille.

Le jour commençait à baisser ; nous devions dîner le soir chez le consul de France ; mon ami pria son modèle de lui donner le surlendemain une seconde séance, et, enfourchant nos bourriquets, nous revînmes en hâte à la cange, où le domestique du consul nous attendait déjà pour nous conduire chez son maître.

Nous fûmes reçus d'abord sur une terrasse, où l'on nous offrit de la liqueur de dattes en guise d'absinthe. Mes compagnons apprécièrent beaucoup cette boisson, dans laquelle je ne fis que tremper mes lèvres, ayant un dégoût insurmontable pour toute liqueur apéritive. Mais ce que j'admirai au suprême degré, ce fut le spectacle qui s'offrit à nos yeux pendant ce service préparatoire.

Le soleil venait de disparaître. Le Nil calme et majestueux reflétait la teinte douce et blanchâtre de l'air : véritable linceul du jour qui s'éteignait. Au loin, dans la campagne, on apercevait la masse de Médinet-Abou, les colonnades du Ramesséum et du temple de Cournah, et enfin les deux énormes silhouettes des colosses tout étonnés de survivre à tant de désastres, et de voir encore le soleil briller et disparaître sur l'emplacement de cette ville, autrefois si florissante, aujourd'hui disparue. Puis notre vue se terminait à cette montagne d'Assasif, où plusieurs Pharaons dorment encore tels qu'il y a cinq mille ans, sans que leur sépulture ait été violée, sans que ni les invasions, ni les révolutions, ni les bouleversements de toute sorte qui se sont succédé sur notre planète soient parvenus à troubler leur sommeil.

J'allais me livrer à des considérations profondes sur la mort, l'éternité et l'infamie des savants égyptologues, qui ne craignent pas de piétiner, disséquer et éparpiller d'aussi illustres défunts, quand on nous annonça le dîner :

c'était rendre grand service au lecteur et à moi.

Dans une chambre spacieuse, mais très-simplement ornée, six coussins étaient placés à terre autour d'un plat rond en cuivre d'un mètre et demi de diamètre environ et élevé d'un pied au-dessus du sol. Nous prîmes place.

Le chef de la maison était tout à fait vêtu à l'égyptienne. Un bonnet rouge et un turban en jolie étoffe brillante formaient sa coiffure. Le reste de son costume consistait en une longue robe rayée blanc et violet, en une ceinture rouge et en un manteau violet. Ajoutez à cela des bas blancs et des babouches jaunes, vous aurez une idée de la parure de notre hôte. Son fils était affublé d'un mélange des modes égyptiennes et françaises. Il avait des bottines à élastics, une grande robe en toile blanche qui lui descendait jusqu'à la cheville et, par-dessus le tout, une redingote noire. C'était affreux, mais je suis sûr qu'il se croyait admirablement vêtu.

On passa d'abord une grande cuvette en cuivre avec du savon. Chacun se lava les mains. Après cette opération terminée, le service commença. Il faut vous dire, cher lecteur, qu'un Turc ne se sert ni de couteaux, ni de fourchettes, ni d'aucun ustensile pour manger. Les doigts tiennent lieu de tout. Chaque convive, en se mettant à table, est simplement propriétaire d'un verre, dans lequel on lui sert de temps en temps de l'eau, et d'un morceau de pain.

Le drogman nous avertit en français qu'il était de toute impolitesse de refuser quoi que ce soit. Il ajouta que le mets substantiel, suffisant à lui seul pour apaiser notre faim, paraîtrait le dernier; mais qu'avant celui-là il avait à nous servir trente plats, dont nous devions faire semblant de manger. Pour la seule fois de sa vie, Farag nous dit vrai. Un premier mets fut placé au milieu du plateau. Chacun y trempa une bouchée imperceptible de pain. Immédiatement ce mets fit place à un second, le second à un troisième, et ainsi de suite. Chaque plat séjourna environ un quart de minute au milieu de nous.

Ce fut un calléidoscope de viandes, de sauces, de légumes verts, jaunes et rouges, de ragoûts de poulet et de mouton, de boulettes de riz, de bouillis de maïs. Que sais-je tout ce qui passa sous nos yeux, et à combien d'aliments différents nous avions déjà goûté, sans avoir encore dîné!

Enfin ce mouvement fébrile cessa quelques instants; chacun prit une gorgée d'eau, et nous attendîmes le fameux plat de la fin. Il ne tarda pas à arriver, porté par deux esclaves noirs au type abyssinien. A sa vue, nous ne pûmes retenir nos exclamations. Ce plat contenait un mouton entier, rôti d'une seule pièce. Rien n'avait été enlevé, la corne des pieds, les dents, tout figurait sur notre table, digne vraiment à cette heure d'un Sardanapale ou d'un Gargantua.

Notre hôte commença par attaquer les entrecôtes; il sut en rouler des aiguillettes, qu'il offrit à chacun de nous. Nous sommes si peu habitués, en Europe, à nous passer ainsi la viande de main en main, que, malgré mon appétit, malgré la propreté même recherchée du maître de la maison, mon cœur se soulevait, et je ne dînais qu'avec peine.

Quand les parties délicates de l'animal eurent été dépecées, notre hôte entama alors les membres eux-mêmes. Saisissant le mouton par les pattes de derrière, il détacha habilement les deux gigots, qu'il offrit en entier à deux de mes compagnons. Ceux-ci allaient réclamer, quand le drogman leur fit un signe : ils acceptèrent. Il m'échut à moi une épaule entière. Cette partie du repas excita notre gaieté. Mon voisin surtout me divertissait, tenant son pain de la main gauche, et de l'autre le manche de son énorme gigot, dans lequel il mordait à belles dents, se barbouillant la figure de graisse et de jus, malgré les précautions qu'il s'efforçait de prendre.

Nous avions chacun largement entamé notre part, et nous étions absolument repus, quand le maître de la maison, voulant apparemment nous montrer sa largesse, détacha la tête du peu qui restait de ce pauvre mouton et l'offrit à l'un de mes compagnons. Malgré son désir d'être aimable jusqu'à la fin, mon ami vit tomber son courage et se décida à refuser. Notre hôte, un peu froissé, lui répliqua soudain : « Si vous refusez la tête entière, vous me ferez au moins le plaisir d'accepter les deux yeux. » Il fallut se résigner. Je vis ces deux globules verdâtres passer successivement devant moi et disparaître tour à tour. Mon compagnon n'en fit que deux bouchées, sans goûter, sans mâcher, comme on avale une pillule, ou un article du journal *le Monde*, c'est-à-dire en pensant au temps qu'il fait ou à la femme qu'on aime.

Une quantité énorme de plats sucrés et de friandises suivit ce rôti monstre ou ce monstre de rôti. La même cuvette avec le même savon passèrent encore de main en main. Nous en avions amplement besoin. Puis nous revînmes sur la terrasse, où l'on nous servit l café et les chibouks.

La nuit était tout à fait tombée. Les teintes éblouissantes du jour avaient fait place à une demi-obscurité, dont ne sont jamais privées les nuits des pays chauds, même en l'absence de la lune, et l'extrême chaleur était remplacée par une douce température, que raffraîchissait encore une légère brise du nord. On se sentait revivre sous ces deux influences. Quelles bonnes heures nous eussions passées là, si le consul, hélas ! n'avait pas décidé de nous abreuver de plaisir. Il nous introduisit dans une chambre étroite et basse, où nous attendaient quelques invités et des almées.

Une de celles-ci exécuta un pas dont nous n'avions pas encore été témoins. La danseuse cherchait à exprimer sa joie à la vue d'un verre de liqueur, et son ivresse après l'avoir absorbé. S'identifia-t-elle par trop à son rôle, ou était-elle trop sensible aux boissons alcooliques, cette bacchante moderne se grisa réellement. Des scènes repoussantes se passèrent alors, et cette soirée si bien commencée finit par nous inspirer l'horreur et le dégoût. Nous nous décidâmes à partir.

Je me dédommageai sur le pont de la cange

des heures que j'aurais tant désiré passer sur la terrasse du consul, et j'allai m'endormir, en pensant à l'expédition sérieuse que nous devions faire le lendemain à la sépulture des rois.

C'est en effet une promenade grave que celle-là : grave par son essence même, grave par le pays que l'on traverse, plus lugubre encore lui-même que les tombeaux qu'il renferme; grave enfin par la violation si complète de ces sépultures que l'on voit à présent, les Séti, les Ramsès, les Aménophis transformés en bibelots numérotés propres à enrichir la collection d'un musée. Malgré le temps qui s'est écoulé, malgré tout l'amour que l'on puisse avoir pour la science des antiquités, on ne se sent pas moins attristé à la pensée que, pour s'éclairer sur cette science, on profite et on abuse précisément du respect dont ces générations reculées entouraient leurs morts et du soin qu'elles mettaient à les ensevelir.

Nous partîmes de grand matin. A mesure que nous nous éloignions du Nil, la terre était de moins en moins cultivée; une herbe sauvage et touffue remplaça bientôt le blé, le coton ou le maïs; puis cette herbe même devint de plus en plus rare, et enfin nous perdîmes de vue toute végétation en pénétrant dans la vallée de Bab-el-

Molouk, où sont creusés les tombeaux des rois.

Cette vallée est profonde, silencieuse, aride et brûlante. Elle n'a pas toujours dû avoir l'aspect qu'elle offre aujourd'hui, car çà et là on retrouve encore la trace d'anciens torrents, actuellement desséchés, qui autrefois amenaient dans ce désert le mouvement et peut-être la fertilité. Image frappante de la vie et de la grandeur passée des anciens Pharaons, que ces montagnes, trop infidèles gardiennes de leur repos et de leur oubli, n'ont pas su protéger contre la science vaniteuse et l'irréligion des hommes.

Nous commençâmes notre visite par la tombe de Séti Ier, découverte par Belzoni au commencement de ce siècle. Elle a en tout 190 mètres de profondeur, mais 90 mètres seulement forment la tombe proprement dite, où était placé le sarcophage royal, magnifique morceau d'albâtre oriental de 9 pieds 5 pouces de long et de 3 pieds 7 pouces de large. Cette excavation vraiment immense est recouverte en entier de peintures fantastiques représentant d'un bout à l'autre toutes les épreuves par où l'âme doit passer pour arriver après la mort au séjour des bienheureux. Dans la grande chambre où était le sarcophage, se trouve peinte l'apothéose du héros. « Osiris, assis sur son trône, dit Belzoni lui-même, reçoit les hommages du héros de la tombe présenté à lui par Horus et Isis. Tout le groupe est entouré d'hiéroglyphes et encadré dans des figures symboliques de dieux richement exécutées. Un globe, dont les ailes s'étendent sur le tout, domine les figures et une rangée de serpents couronne le tableau. »

Ne pouvant faire une description détaillée des peintures de cette tombe, et craignant d'ennuyer le lecteur par une longue énumération, j'expliquerai d'après Champollion certains ornements symboliques, qui se répètent, du reste, presque toujours les mêmes dans chacune des tombes royales. Le bandeau de la porte d'entrée est orné d'un bas-relief, qui est le résumé de toute la décoration des tombes pharaoniques. C'est un disque jaune représentant le soleil couchant entrant dans l'hémisphère inférieur. Ceci est l'emblème de la mort du roi. Dans le disque on a sculpté un grand scarabée, symbole de sa résurrection. Ces tombes étaient toujours creusées pendant la vie du monarque. Aussi, dans le premier corridor, de nombreuses inscriptions promettent-elles au roi de longs jours et mille prospérités pour cette vie terrestre.

Il semble, remarque spirituellement Champollion, qu'on ait placé ici ces légendes comme pour rendre plus douce la pente toujours trop rapide qui conduit à la salle du sarcophage.

A mesure que l'on pénètre à l'intérieur, les tableaux représentent le soleil se rapprochant peu à peu de l'occident représenté par un crocodile image des ténèbres. Ces tableaux sont le symbole de la vie du roi se rapprochant peu à peu de la mort. Plus loin, le dieu Atmon, assis sur son tribunal, pèse avec une balance les mérites des âmes humaines qui se présentent successivement. Champollion en a remarqué une, conduite à coups de verges par des cynocéphales, emblèmes de la justice céleste. La coupable était sous la forme d'une énorme truie, au-dessus de laquelle on avait gravé : gourmandise et gloutonnerie, sans doute les péchés principaux du pauvre défunt.

Enfin le reste des peintures indique le malheur ou le bonheur qui attend les âmes après la mort. D'un côté, elles sont fortement liées à des poteaux, suspendues la tête en bas; quelquefois elles traînent sur la terre leur cœur sorti de leur poitrine, ou sont jetées dans la chaudière avec l'emblème du bonheur et du repos céleste : l'éventail.

De l'autre côté, les âmes sont placées près d'une grande figure de femme, dont le corps est parsemé d'étoiles et qui représente le ciel. On y lit l'inscription suivante : « Elles ont trouvé grâce aux yeux du dieu grand ; elles habitent les demeures de gloire, celles où l'on vit de la vie céleste. Les corps qu'elles ont abandonnés reposeront à toujours dans leurs tombeaux, tandis qu'elles jouiront de la présence du dieu suprême. »

Je sortais de la tombe de Belzoni et je venais de lire dans Champollion la traduction de cette dernière inscription, quand, par un rapprochement ironique, un Arabe vint nous offrir des têtes, des pieds, des mains de momie, toutes sortes de dépouilles de ces malheureux dont les corps devaient soi-disant reposer à jamais dans leurs tombeaux. Un de mes compagnons acheta une tête de femme, qui avait encore de longs et magnifiques cheveux noirs ; je m'emparai d'une momie d'ibis et d'un fragment de bandelettes recouvert encore d'anciennes peintures, et nous nous dirigeâmes, après avoir visité quelques autres tombeaux, vers la dernière demeure de Ramsès IV, où le drogman avait préparé le couvert.

Avant de nous mettre à table, nous fîmes connaissance avec notre salle à manger. Elle était plus large et plus haute que la tombe de

Belzoni, mais infiniment moins profonde et d'une faible inclinaison. Au milieu était un sarcophage en granit de proportions colossales. Les fresques des murs n'étaient pas aussi lugubres que celles des tombes où nous avions précédemment pénétré, mais elles étaient aussi plus mollement peintes et moins intéressantes.

L'âme de Ramsès IV ne vint en rien troubler notre repas, où régnèrent la gaieté et l'abondance des mets. Personne de nous, à l'exemple de don Juan, n'eut cependant la forfanterie de l'inviter à souper. Bien nous en prit, car le drame du festin de Pierre eût eu peut-être alors une représentation de plus, et nous eussions été fort embarrassés à cette distance de payer les droits d'auteur.

Notre déjeuner se termina vers midi. La chaleur était trop forte pour que nous pensions à sortir. Nous résolûmes de faire la sieste dans ce tombeau de Ramsès IV, que le célèbre Champollion habita tout un mois pendant ses travaux dans la vallée de Bab-el-Molouk. Un de mes compagnons voulut d'abord s'installer dans le sarcophage, mais, je ne sais pourquoi, ne réalisa pas son projet. Chacun de nous s'enfonça en chantant dans ces longs corridors, cherchant un endroit convenable pour se reposer.

Ces voix, sortant des ténèbres et diminuant peu à peu d'intensité à mesure qu'elles s'enfouissaient davantage, me rappelaient les catacombes de Rome au temps des persécutions. Les voués aux bêtes arpentaient ainsi en chantant les entrailles de la terre, qui devaient après le supplice leur servir de tombeau.

Je m'installai dans une niche assez élégamment décorée, où avait dormi de son dernier sommeil l'un des ministres de Ramsès IV. Après une heure de somnolence et de rêverie, je lus dans Hérodote les détails suivants sur les anciennes momies d'Égypte :

Il y avait, paraît-il, trois modes d'embaumements, entre lesquels les parents choisissaient suivant leur position et leur fortune. Certaines personnes étaient chargées par la loi de faire les momifications, et elles seules pouvaient vaquer à ce travail. Voici comment on momifiait un défunt de la classe la plus élevée. « On tirait d'abord, dit Hérodote, la cervelle par les narines, en partie avec un fer recourbé, en partie par le moyen des drogues qu'on introduisait dans la tête. Les embaumeurs faisaient ensuite une incision dans le flanc avec une pierre tranchante d'Ethiopie, et tiraient par cette ouverture les intestins, qui étaient nettoyés, passés au vin de palmier et dans divers aromates broyés, puis placés enfin dans un vase appelé canope dont je parlerai plus bas. Ils remplissaient ensuite le ventre de myrrhe pure broyée, de cannelle et d'autres parfums, l'encens excepté, et recousaient l'ouverture. Après cette opération, ils salaient le corps, en le couvrant de natrum pendant soixante-dix jours. Puis ils le lavaient et l'enveloppaient entièrement de bandes de toile de coton, enduites de gomme dont les Égyptiens se servaient ordinairement comme de colle. Le corps était ensuite remis aux parents, qui le renfermaient dans un étui en bois de forme humaine, et quelquefois dans un sarcophage. Telle était la manière la plus magnifique d'embaumer les morts.

Une seconde manière moins coûteuse consistait à injecter une liqueur onctueuse tirée du cèdre dans le ventre du mort, sans y faire aucune incision et sans en tirer les intestins ; puis on salait pendant le temps prescrit. Le dernier jour on faisait sortir la liqueur, qui, ayant la propriété de dissoudre le ventricule et les entrailles, les entraînait avec elle. Le natrum consumait les chairs et il ne restait du corps que la peau et les os, qui étaient remis entre les mains des parents.

La troisième espèce d'embaumement consistait aussi en une injection, mais d'un effet moins puissant avec une liqueur nommée surmaïa et en une demi-salaison.

Revenons aux embaumements de la classe la plus riche : les entrailles, la cervelle, le foie et le cœur du défunt étaient placés dans quatre vases appelés canopes, ordinairement en albâtre. Les quatre couvercles étaient le plus souvent formés d'une tête à face humaine, d'une tête de chacal, de cynocéphale et d'épervier, emblèmes des quatre génies des morts. Les momies étaient toujours remplies de petits objets, dont on a su en partie découvrir la signification : « On y voit, dit M. Mariette, de petites figurines, présentant la forme d'une momie dans ses enveloppes, ayant les bras croisés sur la poitrine, et tenant dans leurs mains une pioche, une houe et un sac destiné à renfermer des semences. Ces instruments font allusion aux travaux agricoles auxquels les âmes étaient censées se livrer dans les champs Élysées. » On y voit des sistres brisés. Le sistre était, comme on le sait, l'emblème de la joie. La signification de ces amulettes est donc facile à comprendre. On y voit des colonnettes en feldspath vert, symbole du rajeunissement de l'âme ; des sceaux en lapislazzuli, symbole de la croyance des Égyptiens à une vie éternelle; des disques en pâte rouge, symbole du soleil levant, c'est-à-dire de l'arrivée de l'âme au séjour des bienheureux; des bœufs couchés et liés par les quatre jambes, rappelant les sacrifices par lesquels, à certains anniversaires, on devait honorer les mânes du défunt. Il y avait aussi une foule d'autres amulettes : des angles, symbole de mystère et d'adoration; des triangles, symbole de stabilité; des chevets, symbole du repos éternel de l'âme après la mort; des scarabées, symbole de résurrection; enfin d'autres objets, sur la signification desquels les savants ne sont pas tout à fait d'accord. Je n'en parlerai donc pas.

La chaleur commençait à diminuer un peu d'intensité. Mes compagnons sortirent l'un après l'autre de leurs tombeaux. Nous enfourchâmes nos ânons, qui, eux aussi, avaient fui le soleil en envahissant la tombe du Pharaon, et nous revînmes à la cange pour nous préparer à dîner chez le consul anglais.

Je ne dirai rien de ce repas aussi copieux, aussi écœurant que celui de la veille, et où l'attrait de la nouveauté ne vint même pas semer l'entrain et la gaieté parmi nous comme chez l'agent français.

CHAPITRE XXII

DEUX HISTOIRES SENTIMENTALES. — KARNAK.

La journée du lendemain fut diversement employée par chacun de nous. Mon ami, le peintre, alla retrouver son modèle de Karnak. Il le trouva si vif et si intelligent que l'idée lui vint de le ramener en France. L'enfant tout joyeux alla demander la permission à son père; mais celui-ci ne voulut pas consentir à se séparer de son fils unique.

Quant à moi, un peu las de voir des monuments, je remis au lendemain ma visite sérieuse à Karnak, et je me rendis chez le consul d'Autriche, seule autorité de Louqsor avec laquelle je n'avais pas encore fait connaissance.

Sa maison est située à un demi-kilomètre du village et se dérobe élégamment aux regards sous un amas d'arbres exotiques, de lianes et de plantes grimpantes très-touffues. Je trouvai un homme aimable, s'exprimant assez bien en français, mais très-ordinaire et sans aucune élévation d'esprit.

Dès mon arrivée, il m'offrit un magnifique bouquet. Je lui demandai aussitôt de visiter son jardin ; il m'accompagna de la meilleure grâce du monde, m'expliquant le nom et l'utilité de chacun de ses arbres. La plupart est inconnue en Europe ; quelques-uns seulement pourraient y végéter en serre chaude. Cette promenade m'intéressa beaucoup. Après avoir cueilli maintes et maintes fleurs, après avoir goûté à une quantité de fruits, nous remontâmes sur la terrasse, où on nous apporta, comme toujours, du café et des chibouks.

J'étais assis depuis un quart d'heure dans ce lieu vraiment très-agréable, protégé par des dattiers, des doums et des bananiers, répondant aux questions de mon hôte, quand nous entendîmes une musique joyeuse et bruyante, des éclats de rire et des chants. Nous regardâmes du côté du Nil, d'où ce bruit paraissait venir, et nous vîmes une cange toute couverte de drapeaux et de banderoles glisser rapidement sur le fleuve. Un énorme pavillon hollandais s'agitait à l'arrière ; des matelots dansaient à l'avant, en chantant et en frappant sur des tambours de basque. Tout ce bord respirait le bonheur et la satisfaction de vivre. Je demandai au consul s'il connaissait le maître d'un aussi joyeux intérieur. Sur sa réponse affirmative, je prêtai l'oreille et il me parla en ces termes :

« Le propriétaire de cette cange, me dit-il, est un Hollandais nommé Van R., qui revient du Nil blanc avec sa femme. S'étant connus et aimés dès le bas âge, ces deux jeunes gens s'étaient réciproquement jurés une foi éternelle et promis de s'épouser. Malheureusement les parents de la jeune fille ne voulurent pas consentir à cette union. Prières, menaces, instances de toutes sortes ne purent changer leur résolution. Désespéré, le jeune Van R. résolut de s'éloigner et de s'enfoncer le plus avant possible dans des pays inexplorés, non pour oublier son amour, mais dans l'espérance qu'un incident funeste viendrait bientôt, en terminant sa vie, mettre fin à ses douleurs. Il partit pour le Soudan ; *sed cupit ante videri*, non sans faire savoir à la jeune fille de quel côté du monde il dirigeait ses pas. Ce départ donna une telle émotion à la pauvre délaissée que sa santé en fut terriblement ébranlée. Une maladie de langueur ne tarda pas à se déclarer. Le médecin ordonna les distractions : on résolut de voyager. Quel but n'atteindrait pas une femme qui veut sérieusement ce qu'elle veut? Le Midi fut d'abord choisi de préférence; puis l'Égypte, à cause des intérêts nombreux que ce pays offre aux voyageurs. Enfin, de villes en villes, de cataractes en cataractes, ces naïfs parents hollandais arrivèrent à Kartoum, puis à Chendy, sans se douter du but que leur fille espérait atteindre. Pendant plusieurs mois ils parcoururent le Soudan, le Sennaar, le Nil blanc, les forêts équatoriales; campant tantôt çà, tantôt là, au milieu des blancs, des noirs, des jaunes, sans distinction et sans préférence. Quelques membres de cette famille trouvaient bien ce voyage un peu excentrique et un peu prolongé; mais la jeune fille reprenait à vue d'œil, personne n'osait réclamer.

« Le jeune homme, de son côté, avait cherché à pénétrer très-avant dans le centre de l'Afrique. Des pays encore inexplorés avaient été visités par lui. Parvenu dans des régions peuplées d'anthropophages, sa vie même avait été plusieurs fois très-gravement exposée. Mais quelque amour que l'on ait au cœur, il arrive un degré de souffrance où l'instinct de la conservation ferait oublier ses plus solennels serments.

Il reprit la route du Nord au milieu des fatigues et des dangers les plus inouïs, sans provisions, sans tente, sans compagnon.

Un soir qu'épuisé par la marche et le manque de nourriture, il venait de se coucher à terre, se préparant à mourir, une voix enfantine et charmante, se mêlant au triste murmure du vent dans les grands arbres, se fit entendre non loin de lui. Il se lève; mais, hélas! à peine debout, il ressent toute sa fatigue. D'ailleurs, que peut être cette voix, sinon une hallucination qui vient encore attester sa faiblesse? N'est-il pas dans un pays sauvage, où tous les êtres vivants qu'il puisse rencontrer ne sont autres que des bêtes féroces ou de farouches indigènes?

« Cependant, de même qu'un oiseau fasciné par le regard d'un serpent descend de branches branches vers l'ennemi qui va le dévorer, de même notre jeune héros se traîna péniblement du côté où avait résonné la mélodie plaintive, convaincu de rencontrer un campement de Soudaniens qui le tueraient et le mangeraient peut-être.

« Quel n'est pas son étonnement d'apercevoir au milieu des branchages, des tentes très-bien conditionnées; son ébahissement à la vue d'un Européen; son bonheur, ô prodige! à la vue des parents de sa bien-aimée, et son ivresse enfin à la vue de sa bien-aimée elle-même, qui seule sait le reconnaître et aux pieds de laquelle il tombe sans mouvements et presque sans vie, sous le coup d'une émotion si vive et si inattendue !

« On l'entoure, on le soigne, on le sauve pour son amour et pour son bonheur. Pendant toute cette journée, où le jeune homme profita du changement physique qui s'était opéré en lui pour cacher sa personnalité, deux regards s'échangèrent souvent, pleins de mélancolie et aussi d'espérance ; deux regards qui s'attiraient mutuellement, non plus comme le serpent attire l'oiseau, comme un gouffre béant attire le voyageur trop sujet au vertige, mais comme le printemps attire le rossignol ; comme les fleurs attirent le papillon, comme les beaux jours attirent la gaieté et les joyeuses chansons.

« Je passe vite, me dit mon narrateur, sur les nombreux services que le jeune Van R. rendit aux membres de cette famille ; services de tous genre, par lesquels ils s'attira leur amitié et mérita leur reconnaissance.

« Un jour ! Enfin, jour d'angoisses et de forte résolution, en se jetant aux pieds de ceux par qui il avait tant souffert, il se décida à se faire reconnaître, à avouer la fidélité de son amour et la continuation de ses espérances. On le releva et on l'accueillit.

« Le mariage fut célébré en Hollande. Les parents, m'ajouta finement le consul, s'empressèrent de mourir pour réparer leurs torts, et les jeunes mariés revinrent l'année suivante revoir les lieux témoins de leur souffrance et de leur joie. C'est ce deuxième voyage qu'ils achèvent en ce moment, et vous pouvez juger par les chants qui sont modulés à bord, par la joie qui y règne, que la lune de miel n'est seulement pas encore à son premier quartier. »

Ici se termina le récit du consul d'Autriche. Je remerciai mon hôte de son histoire, de ses bouquets, de son tabac, de son café; en un mot, de son gracieux accueil.

Je me préparais à partir, quand un homme d'une cinquantaine d'années, à la taille énorme, au type septentrional fit son apparition sur la terrasse. Il était vêtu si grotesquement avec sa grande robe bleue ouverte sur la poitrine comme celles des Juifs tunisiens, et son bonnet carré en papier de journal, que j'eus peine en le voyant à ne pas éclater de rire. Je m'inclinai et sortis. Le consul m'apprit, en me reconduisant jusqu'à sa porte, que ce nouveau venu était un Américain installé depuis quinze ans à Louqsor par désespoir d'amour. « Il a loué, me dit-il, une partie de ma maison et ne prend pour tout aliment que quatre ou cinq tasses de lait par jour. »

C'était décidément la journée au sentiment. Je me félicitai de ne pas avoir ri au nez de ce pauvre Américain, destiné à mourir à Louqsor isolé, ignoré, inconsolable et inconsolé, et je revins à la cange, me promettant d'égayer le soir mes compagnons avec mes deux récits.

Le lendemain de grand matin, je me rendis à Karnak. Mon intention n'est pas de faire une description complète de ce grand amas de ruines où sont entassés des restes de pylones, de portiques, de colonnades, d'obélisques, de cariatides, de tout ce que l'architecture égyptienne a inventé et produit. Ce serait une énumération beaucoup trop longue et dénuée d'intérêt pour le lecteur. Je parlerai simplement des parties qui m'ont le plus frappé par leur beauté ou par leurs proportions, renvoyant aux livres spéciaux les touristes qui voudraient posséder des renseignements détaillés.

Outre des traces presque anéanties de monuments secondaires, trois édifices restent encore debout à Karnak, plus ou moins attaqués par le temps : un temple dédié au dieu Khons, le grand temple de Karnak dédié à Ammon et un petit monument dédié à Thouëris.

Une grande avenue de sphinx à tête de bélier réunissait Louqsor au propylon du temple de Khons. Ce propylon est, à mon avis qui différera cette fois encore de celui des savants; ce propylon, dis-je, est, avec celui d'Edfou, un des plus beaux morceaux de l'architecture égyptienne. Encore celuï d'Edfou est-il écrasé par les deux masses du pylone entre lesquelles il est placé; tandis que celui-ci, complétement isolé, peut faire valoir à son aise son élévation et sa majesté. L'ouverture de ce propylon a une hauteur de plus de 14 mètres, et l'élévation totale de cette magnifique porte d'entrée est de 21 mètres, le tiers environ de la hauteur des tours de Notre-Dame. Il a été bâti sous le règne de Ptolémée Evergète.

Une autre avenue de béliers réunissait cette porte au temple de Khons lui-même, qui est un petit chef-d'œuvre du règne de Ramsès IV. Le dieu Khons formait avec Ammon et la déesse Maut la triade plus particulièrement adorée à Thèbes. « Ammon, dit M. Mariette, représentait aux yeux des Égyptiens ce ressort caché de la nature qui la pousse à se renouveler sans cesse. Il a la déesse Maut pour mère et pour femme; et de cette union naît le dieu Khons, qui vient affirmer par sa naissance l'éternité de son père. »

Le portique de ce temple est soutenu par vingt-quatre colonnes copiées sur l'ancien style avec des chapiteaux à fleurs de lotus fermées. Quoique très-antérieurs à ceux de Dendérah, les bas-reliefs de ce temple pourraient presque rivaliser avec ceux du bel édifice fondé par Ptolémée XIII.

Mais pénétrons sans retard dans les ruines du grand monument de Karnak, dans ces restes les plus gigantesques qu'il soit peut-être donné à l'homme de contempler sur la terre. On soupçonnera facilement ce que j'avance, quand on remarquera sur ce temple les cartouches d'un Pharaon nommé Skaï, antérieur à la dix-septième dynastie, et ceux d'un des derniers Ptolémée, ce qui fait voir que l'on a travaillé pendant près de deux mille ans pour bâtir, orner et compléter ce colossal édifice.

Une longue avenue de sphynx précédait le grand pylône. De cette avenue il ne reste pour ainsi dire rien, et le pylône est à moitié ruiné. Tel qu'on le voit aujourd'hui, il a encore une élévation de 134 pieds et une largeur à la base de 348 pieds. Les uns attribuent sa ruine au fameux tremblement de terre qui a détruit un des colosses de Memnon, les autres à l'invasion des Perses sous Cambyse. Je ne partage ni l'une ni l'autre de ces deux opinions : ces deux causes de ruine ont été antérieures à la dynastie des Ptolémée, et je pense que ces monarques intelligents, qui ont contribué à orner le monument de Karnak, auraient d'abord rebâti ce pylône avant de commencer tout autre travail.

On entre ensuite dans une vaste cour au centre de laquelle s'élevaient douze colonnes portant des attributs divers. Ces colonnes datent de Psammétichus Ier ; une seule est encore debout, inélégante et sans ornement.

Mais ce qu'il y a de vraiment grandiose, de colossal, d'inouï dans ces ruines de Karnak, c'est la salle hypostyle, longue de 307 pieds et large de 155 pieds. Elle serait du règne de Séti Ier, d'après Lenormant, et du règne d'Aménophis III, d'après M. Mariette. J'avoue mon ignorance complète des hiéroglyphes ; mais je style général de la salle me ferait préférer cette dernière opinion.

Cent-trente quatre colonnes soutiennent le plafond de ce majestueux vestibule. Parmi elles, les douze du milieu ont des proportions gigantesques. Leur diamètre égale celui de la colonne Vendôme à Paris; leur élévation atteint 70 pieds; leurs chapiteaux à fleurs de lotus ouvertes ont 21 pieds de diamètre et par conséquent plus de 63 pieds de circonférence. Les cent vingt-deux autres colonnes de la salle ont à peu près les mêmes proportions, mais n'atteignent que 40 pieds de hauteur.

De telles mesures sont vraiment féeriques et paraîtraient presque ridicules à dire si elles n'étaient affirmées par tous les touristes. Malheureusement l'ignorance complète des Égyptiens sur l'agencement des pierres laissa subsister à Karnak l'inconvénient que j'ai déjà signalé partout ailleurs. L'obligation d'avoir des monolithes pour entre-colonnements les forçait à rapprocher énormément leurs colonnes, de telle sorte qu'ici comme à Abydos, il est impossible de jouir de la vue d'ensemble. Cette salle arrive à paraître composée d'une suite de corridors perpendiculaires formés par les colonnes dont on ne peut jamais apercevoir que deux rangées à la fois. Cette disposition diminue l'effet auquel on pourrait s'attendre, surtout après l'énumération des chiffres que j'ai faite plus haut. Quoi qu'il en soit, le vestibule de Karnak est encore une des constructions les plus saisissantes de ce pays, un des plus énormes colosses que l'Égypte ait produits et qui joint à ses proportions gigantesques une qualité plus rare, un aspect grandiose et imposant.

En dépassant ce vestibule, on traverse des salles soutenues par des colonnes à cariatides qui étonnent peu, après ce que l'on vient de voir. On parvient ensuite au pied de l'obélisque élevé par la reine Hatasou, la fameuse régente qui tient une place si considérable dans l'histoire de la dix-septième dynastie.

L'obélisque d'Héliopolis, le plus ancien de tous, n'a que 20 mètres 25 centim. de hauteur totale; l'obélisque de la place de la Concorde à Paris a 22 mètres 80 centim. L'obélisque de la place Saint-Pierre à Rome a 25 mètres 13 cent.; l'obélisque de la place Saint-Jean de Latran à Rome a 32 mètres 15 cent. ; enfin l'obélisque de la reine Hatasou à Karnak a 33 mètres 20 cent. Il est par conséquent le plus grand obélisque connu.

On pénètre ensuite dans le sanctuaire, tout en granit, où on lit les cartouches du roi Osortasen. Les bas-reliefs sculptés sur l'extérieur de ce sanctuaire m'ont causé une grande admiration par la netteté des lignes. On se demande quelle perfection dans les instruments et quelle patience il fallait posséder pour arriver à creuser des dessins aussi corrects dans une matière aussi dure que le granit.

Le temple de Thouëris offre dans quelques-unes de ses salles une certaine élégance que l'on ne manquerait pas d'admirer ailleurs. Mais ici tout pâlit devant l'immensité du grand temple de Karnak.

Cette déesse Thouëris combine les attributs de Nephtys, mère et épouse de Typhon, avec ceux d'Hathor la Vénus égyptienne. Dans une figure copiée par Champollion à Selseléh, on voit cette déesse représentée avec une tête d'Hathor et un corps d'hippopotame. Elle est désignée par Plutarque comme la concubine de Typhon.

Aucune ruine, aucun monument ancien ou moderne ne peut donner l'idée de ce qu'était autrefois le palais de Karnak. Ce collége sacré, cet ensemble de monuments occupait une superficie de 408,800 mètres carrés. J'en excepte encore les avenues de sphinx et toutes les dépendances extérieures en dehors de l'enceinte en briques crues.

Quelle idée devons-nous donc concevoir de cette antique ville de Thèbes où s'élevait un pareil édifice se reliant par trois avenues de sphinx au grand temple de Louqsor ; de cette ville qui possédait encore dans son immense enceinte le grand temple d'Aménophis dont les deux colosses de Memnon nous offrent un si bel échantillon; le palais de Médinet-Abou, le temple de Cournah, le Ramesséum dont je parlerai bientôt, et probablement tant d'autres édifices que le temps n'aura pas épargnés.

J'ai visité beaucoup d'anciennes villes; j'ai vu les restes de beaucoup de monuments anciens, mais je dois dire que presque toujours la désillusion a suivi mes espérances. Qu'était-ce que le temple de Salomon, dont l'histoire nous vante tant les énormes proportions; le palais des Césars à Rome, en comparaison des résidences de nos souverains modernes; et les anciens arcs de triomphe? Tous ces restes ne répondent pas aux pompeuses descriptions que nous ont laissées les poëtes ou les historiens de leur époque. A Thèbes seulement, en dehors de la question artistique que je réserve toujours, les proportions dépassent encore l'idée que l'on s'était formée, car elles dépassent même les mesures que la plupart des imaginations humaines pourraient atteindre. On ne se figure pas facilement, avant de les avoir vus, des colosses comme ceux de Memnon, des tombes de la profondeur de celle de Séti Ier, un vestibule comme celui de

Karnak; aussi reste-t-on ébahi à leur aspect, surpris de trouver une réalité surpassant l'idéal que l'on avait rêvé.

Avant de quitter Karnak, je voudrais donner sommairement au lecteur la traduction d'un poëme sculpté en hiéroglyphes sur l'un des murs extérieurs du grand temple d'Ammon. On y verra chanté le courage de Ramsès, digne en effet de l'être si l'histoire est véridique. On doit la traduction de ces hiéroglyphes à M. de Rougé.

Ramsès et son armée s'avançaient sur la ville d'Atech. Trompé par les Bédouins que le prince des Khétas employait comme espions, Ramsès tombe dans une embuscade et se voit tout à coup entouré par l'armée des confédérés tout entière. Les Égyptiens surpris prennent la fuite, et Ramsès reste seul. « Alors, dit le poëte, Sa Majesté à la vie saine et forte, se levant comme le dieu Month, prit la parure des combats... Lançant son char, il entre dans l'armée du vil Khéta; il était seul, aucun autre avec lui. Il se trouva environné par deux mille cinq cents chars, et sur son passage se précipitèrent les guerriers du vil Khéta et des peuples nombreux qui l'accompagnaient. Chacun de leurs chars portait trois hommes, et le roi n'avait avec lui ni ses princes, ni ses généraux, ni les capitaines des archers ou des chars. »

Ramsès alors s'adresse au dieu suprême de l'Égypte dans une longue prière, où il énumère toutes ses bonnes actions : « J'ai enrichi ton domaine, dit-il, et je t'ai immolé trente mille bœufs avec toutes les herbes odoriférantes et les meilleurs parfums. Je t'ai construit des temples avec des blocs de pierre. J'ai amené des obélisques d'Éléphantine. Je suis seul devant toi. Mes archers et mes cavaliers m'ont abandonné, mais je préfère Ammon à des milliers d'archers; à des milliers de cavaliers, à des myriades de jeunes héros, fussent-ils tous réunis ensemble. »

Le dieu répond : « Tes paroles ont retenti dans Hermonthis, ô Ramsès, je suis près de toi, je suis ton père, le soleil ! Ma main est avec toi et je vaux mieux que des millions d'hommes réunis ensemble. Les deux mille cinq cents chars seront brisés devant tes cavales... Les cœurs de tes ennemis faibliront dans leurs flancs, et tous leurs membres s'amolliront. Ils ne sauront plus lancer leurs flèches et ne trouveront plus de force pour tenir la lance. Je vais les faire sauter dans les eaux comme s'y jette le crocodile. Ils seront précipités les uns sur les autres et se tueront entre eux. Je ne veux pas qu'un seul regarde en arrière, et celui qui tombera ne se relèvera plus.

« Le roi se précipita alors, dit le poëme, comme un taureau se précipite sur des oies... la fureur enflammait tous ses membres, et quiconque s'approchait tombait renversé. Le roi s'emparait d'eux et les tuait sans qu'aucun pût s'échapper. Taillés en pièces devant ses cavales, leurs cadavres étendus ne formaient qu'un seul monceau de débris sanglants. »

J'ai transcris ces quelques lignes afin de donner une idée du style pompeux des hiéroglyphes égyptiens.

Je revins à la cange l'esprit tout rempli encore des énormes choses que je venais de visiter; aussi tout ce que je voyais diminuait de grandeur à mes yeux. Les huttes des fellahs me semblaient des gîtes de taupes et les fellahs eux-mêmes de véritables pygmées; les palmiers me paraissaient être des joujoux d'enfants, la cange une étroite gondole et le vieux Nil lui-même un affluent du Tibre. Je m'endormis sur cette impression; toute la nuit, mon esprit me représenta des palais immenses, dont les corridors avaient plusieurs lieues et les chambres dix hectares dans lesquelles logeaient des colosses de vingt-quatre mètres de haut.

CHAPITRE XXIII

UNE DOULEUR ENFANTINE. — RAMESSÉUM. DEIR-EL-BAHARI. — DIVAGATIONS.

Le lendemain dès le matin, nous prévînmes le drogman de tout préparer pour le départ. Malgré nos instances l'ancre ne fut levée qu'à une heure de l'après-midi. Tous les consuls eurent l'amabilité de venir à bord nous serrer une dernière fois la main. Quand la cange s'ébranla, ils rentrèrent chez eux et firent retentir l'air de mille détonations. Ce fut une véritable petite guerre : les coups se répétaient avec une rapidité telle que l'on entendait plutôt un roulement que des décharges successives. Nous ne cessâmes le feu qu'après être parvenus en dehors de la portée de leur vue et du bruit de leurs détonations.

Nous étions déjà loin de Louqsor quand nous

aperçûmes sur la rive un enfant qui nous suivait et qui ralentissait ou activait sa marche suivant notre propre vitesse. A l'aide de nos longues-vues, nous reconnûmes vite le modèle de mon ami le peintre. Le pauvre enfant, s'étant bercé quelque temps de l'espoir de nous accompagner en France, avait de la peine à se faire à l'idée de demeurer à Karnak et se donnait le plaisir de nous reconduire un peu.

Mon ami fut touché de cette attention, mais s'en émut peu, jusqu'au moment où il s'aperçut que le petit Arabe éprouvait une véritable douleur de ne pas partir avec lui.

En effet, semblant prendre une résolution subite, Abdallah, c'était son nom, se débarrassa tout d'un coup de ses vêtements, et, s'en entourant la tête comme d'un immense turban, se précipita dans le Nil et s'efforça de nous rejoindre en nageant. Malheureusement nous naviguions à ce moment à une très-grande distance de la rive. Le petit fellah ne tarda pas à se fatiguer. Nous nous en aperçûmes. La barque fut vitement détachée; nous allions voler à son secours quand l'enfant, rassemblant le peu de force qui lui restait, nous fit de grands signes d'adieu avec la main et regagna le bord. Nous le vîmes s'asseoir en pleurant sans quitter des yeux notre cange qui s'éloignait sans lui.

Mon ami avait fait cette proposition à son modèle sans espérer toutefois la voir se réaliser. Il eût même été, je crois, fort embarrassé d'un semblable compagnon de route. Il fut, malgré cela, triste et maussade pendant toute cette journée. Il se reprochait sans doute d'avoir été gratuitement la cause d'une grande peine. Laissons cette conscience délicate se tordre au milieu de ses remords, et causons quelques instants de deux monuments de Thèbes que nous ne pouvons vraiment pas laisser passer inaperçus.

Le Ramesséum est un temple funéraire, élevé par Ramsès II à sa propre mémoire. Il est en grande partie ruiné. Sur plusieurs murailles de ce monument on voit représenté l'épisode dont nous avons parlé, chanté par un poëte sur la grande muraille de Karnak; mais les dessins sont si naïfs et même si confus, si incomplets, que j'aime mieux n'en rien dire que de me trouver encore une fois en contradiction avec l'opinion des savants.

Une grande statue monolithe de 17 mètres 50 centim., représentant Ramsès, s'élevait dans une des cours de ce palais. Elle est actuellement renversée; mais on peut encore juger de son immensité.

On s'est souvent demandé comment les anciens Égyptiens pouvaient parvenir à transporter de pareilles statues : ils se servaient d'immenses radeaux. Pendant l'inondation, un gros bloc de granit était détaché de la cataracte, placé directement sur un de ces radeaux et amené par le courant là où l'on voulait élever la statue qui était taillée et sculptée sur place. Dans des hypogées du règne d'Osortasen II, près de Mallawwéh, derrière le village d'El-Berchéh, on voit peint sur les murs ce mode de transport, qui dès lors ne doit plus être discuté! Nul doute que les immenses matériaux dont sont construits la plupart des temples égyptiens et dont la présence en certains lieux a si longtemps étonné le voyageur, n'aient été amenés de cette façon à la place qui leur était destinée. Il faut convenir que, si le moyen est simple, il est fort ingénieux; honneur à la perspicacité des Égyptiens.

Le petit temple de Deir-el-Bahari est le dernier monument de Thèbes dont il me reste à parler. Si je me plais souvent à critiquer, je suis heureux aussi de pouvoir quelquefois m'associer aux louanges si largement prodiguées aux ruines de cet antique pays. Deir-el-Bahari date de la reine Hatasou. Nouvellement déblayées, les peintures de ce petit édifice paraissent encore plus fraîches que celles du temple d'Abydos et ne sont pas sans intérêt. On y voit représentées les guerres qui se sont livrées à cette époque. Comme à Beni-Hassan, la couleur des ennemis indique contre quel peuple la lutte était engagée. Un de ces tableaux représente la flotte égyptienne, ce qui indique la forme d'un vaisseau à cette époque.

Notre navigation se continuait lente et uniforme. Nous n'avions plus rien à voir avant Memphis, que l'on va ordinairement visiter du Caire. Un long trajet s'annonçait donc à nous, sans intérêt il est vrai, mais non sans charme, car nous n'étions pas encore blasés sur cette existence nautique. Comment pourrait-on l'être en effet, quand il vous est donné de vivre sans souffrance, de contempler sans effort le cours de son existence sur le courant d'un fleuve contre lequel on ne cherche pas même à lutter; d'être là aujourd'hui, demain un peu plus loin, sans laisser derrière soi ni affection ni regret; de jouir, en un mot, du *farniente* le plus complet et d'un grand repos moral qui permet à l'imagination les soubresauts les plus insensés et les vagabondages les plus excentriques.

Pauvre tige que nous sommes, qui nous plaignons du moindre zéphyr, et qui aimons à nous créer des tempêtes factices quand le calme se fait autour de nous. J'aimais dans ces longues journées à laisser partir mon esprit où bon lui semblait d'aller, et je m'amusais à considérer vers quel lieu il se dirigeait de préférence.

Je ne suis pas de ceux qui prétendent qu'il faut enchaîner sa pensée. On a, hélas ! si souvent besoin de se contenir à l'extérieur et de se montrer tel qu'on n'est pas tout à fait, qu'il est au moins bien doux de ne pas se tromper soi-même et de posséder ainsi un confident discret. Que de châteaux l'on bâtit, toujours inhabitables ; que d'amitiés l'on noue qui n'obligent à rien ; que de serments l'on prête immédiatement trahis, que d'amours éternelles on jure, oubliées le lendemain. Que de bêtises l'on débite que personne ne vous reproche, que d'esprit l'on déploie que pas un ne vous envie. Que de désirs de vengeances on assouvit qui ne font de mal à personne, et que de services l'on rend qui ne font pas d'ingrats. Que de joie l'on éprouve sans que d'autres s'en étonnent ; que de larmes on répand sans que personne n'en rie. Penser, rêver, divaguer, oublier, inventer à son aise; voilà la vie sur le Nil, quand on a tout visité et qu'on n'a plus qu'à revenir.

Parfois pourtant de légers incidents viennent troubler quelques instants cette vie contemplative. Un jour par exemple, j'étais couché sur mon lit, en m'occupant de tout, sauf de ce qui m'entourait. Je sentis amarrer la cange au rivage et je compris que nous allions stationner quelques moments. Pourquoi ? je ne cherchai pas même à en savoir la cause. Je regardai par la fenêtre. Nous étions près d'un talus à pic, en haut duquel s'agitaient les panaches de quelques jeunes palmiers. Un corbeau énorme venait de s'abattre sur la rive, soit pour se désaltérer, soit pour déchiqueter quelque cadavre. Sans me lever, je saisis mon fusil et l'ajustai : Il tomba raide mort. Un second corbeau ne tarda pas à venir pour manger son confrère : même sort. Puis un aigle, un condor et un vautour. Tous périrent, sans se douter en s'approchant que de cette petite fenêtre partirait un plomb qui leur causerait la mort.

Cette chasse magnifique, faite au lit, eut un cachet de nouveauté qui me charma. Elle fut reproduite par un de mes compagnons qui nous tua ainsi un soir, un abondant rôti d'alouettes, à l'heure où ces petites bêtes viennent se désaltérer au fleuve.

A quelque temps de là, nous allâmes voir un individu regardé comme saint par les Arabes. C'est une espèce de fou, qui depuis quinze ans vit à la même place accroupi et tout nu. Ses chairs exposées aux ardeurs du soleil ont pris l'aspect d'écailles noirâtres et dures. On dirait un crocodile à tête humaine. Des fainéants l'entourent et profitent des aumônes que l'on vient faire à cet insensé, moins insensé encore que ceux qui lui donnent et lui embrassent les mains et les pieds en signe de respect. Je ne voudrais pas fatiguer le lecteur en lui racontant les mille riens qui nous charmaient chaque jour et qui nous aidaient à supporter la longueur de cette douce et molle pérégrination, que nous eussions peut-être eu la folie de trouver, sans cela, monotone et fastidieuse.

CHAPITRE XXIV

TARTHA. — SIOUT. — DÉPART DE LA CANGE.
SÉRAPÉUM DE MEMPHIS.

Nous passâmes successivement devant Girghéh, d'où nous envoyâmes un souvenir au beau temple d'Abydos, devant Akmim, devant Sohag au joli minaret qui se mire dans le Nil, et nous arrivâmes devant Tartha, où le drogman nous pria de vouloir bien nous arrêter quelque temps. Nous profitâmes de cette occasion de visiter une nouvelle ville égyptienne, et je dois dire que nous n'eûmes pas lieu de nous en repentir.

Tartha est assez éloigné du Nil, mais au temps des grandes eaux, cette ville, gracieuse entre les cités égyptiennes, est baignée par un canal qui longe complétement ses murs. Une habitation bien construite, élégante, princière enfin, en comparaison de ses voisines, nous frappa dès notre arrivée. Elle est habitée par un Français propriétaire de plusieurs moulins à farine et qui s'est constitué là de cette manière une très-jolie fortune. Malheureusement notre compatriote était absent pour quelques jours.

Nous demandâmes la permission de visiter son jardin. Celui-ci nous causa une grande admiration, surtout en comparaison de ses frères d'Orient qui sont toujours fort laids malgré leur réputation contraire. Toutes les ressources de ce sol, cette végétation des tropiques, avaient été maniées, on le voyait aisément, par une intelligence française. Des lianes, des plantes grimpantes et de la vigne recouvraient toutes les allées et y entretenaient la fraîcheur. Des dattiers, des bananiers, des orangers, des cocotiers occupaient le centre des plates-bandes, sans compter les fleurs de toutes sortes, parmi lesquelles nous admirions surtout celles du laurier-rose en quantité prodigieuse et dont chaque branche possédait à l'extrémité un énorme bouquet.

Un arbre excita surtout notre curiosité. Je ne me souviens plus de son nom scientifique. Les arabes le dénomment, d'après ses propriétés, sous le nom d'arbre à lait. Le jardinier en notre présence fit une très-légère incision dans le tronc de ce précieux végétal. Il en sortit immédiatement la valeur d'une tasse à thé d'une liqueur blanche dont le goût pourrait être confondu avec celui du lait de chèvre. Cet arbre atteint quelquefois, paraît-il, d'assez grandes proportions. Celui-là pouvait avoir cinquante centimètres de circonférence. Son tronc est blanchâtre et ses feuilles rappellent un peu celles du laurier, quoique plus larges que celles-ci. Plusieurs saignées successives, semblables à celle dont nous venions d'être témoins pourraient produire le même résultat. Il faudrait une grande quantité d'incisions faites coup sur coup pour mettre en danger la vie de ce végétal. J'ai été étonné surtout du peu de profondeur où on a besoin de pénétrer pour faire couler le liquide. Un ou deux millimètres suffisent pour obtenir le jet. Cet arbre est originaire des Indes et n'a été importé que depuis fort peu de temps en Egypte. J'en ai vu un autre pied dans le jardin d'un pacha à Alexandrie. Il lui faudrait une serre très-chaude pour pouvoir subsister en Europe, car le climat d'Égypte lui suffit à peine. Ce serait une jolie curiosité à posséder chez soi : avis aux botanistes.

En sortant de cet agréable séjour d'où nous

emportâmes quantité de fleurs, nous allâmes faire une promenade au bazar de Tartha. Son seul agrément est d'être très-abrité contre le soleil et par conséquent très-frais. Aussi toute la ville y est réunie. Nous jouîmes encore une fois de l'aspect étrange de ces rues, où l'on vend, où l'on achète, où l'on joue, où l'on fume, où l'on boit, où l'on crie, où se passent à la fois toutes les scènes de l'existence, parce que toute l'existence se passe dans ces rues, et nous revînmes à la cange d'où nous ne sortîmes plus qu'à Siout.

Une grande joie nous attendait dans cette ville. Nous avions prié le consul français au Caire de nous y envoyer toutes nos lettres. Avec quelle émotion nous décachetâmes ces missives, par lesquelles nous allions peut-être apprendre de si grands changements survenus dans nos familles, dans le gouvernement, dans nos intérêts. Heureusement nous reçumes tous de bonnes nouvelles.

Dans mon paquet se trouvait une lettre qui m'avait été adressée pendant le siége de la province à Paris, où je me trouvais alors. Elle était parvenue à son adresse après mon départ pour l'Égypte et elle m'y avait été renvoyée. Siout pourtant eût été, je crois, la dernière ville du monde à laquelle l'auteur de cette missive eût pensé que son souvenir me parviendrait.

Nous regardâmes dès lors notre voyage comme terminé. Il nous tarda de gagner le Caire, afin d'y retrouver d'autres lettres. Deux autres raisons d'ailleurs venaient encore exciter notre désir de quitter la cange.

Une voie d'eau, ouverte probablement par quelque léger choc à la descente de la cataracte, s'était augmentée au point de remplir notre cale de deux cent cinquante seaux en cinq heures. Notre marche était par là considérablement ralentie et le service de pompier que cet inconvénient nécessitait diminuait beaucoup l'agrément du voyage.

Puis une invasion considérable de cancrelats, véritable plaie d'Égypte s'il en fut jamais. Cette bête atteint une fois et demie la grosseur du hanneton. Elle est jaunâtre et plate comme une punaise. Elle est inoffensive, mais son odeur est fétide. Tous les soirs nous en tuions chacun douze ou quinze dans nos lits. Malgré ces nombreuses hécatombes, leur nombre ne diminuait en rien. Du reste, un proverbe du pays ainsi conçu : Cange cancrelatée, bonne à brûler ; indique à quel point il est difficile de se débarrasser de ces hôtes importuns. Ces bêtes se cachaient tellement bien pendant le jour qu'il était impossible d'en apercevoir une seule; mais dès que le soleil avait disparu, elles revenaient en si grande abondance que nous ne nous couchions qu'avec dégoût.

Nous résolûmes alors de prendre le chemin de fer dès que cela nous serait possible. Nous arrivâmes malheureusement trop tard à Mynièh mais nous pûmes atteindre le même jour Com el Dabal el Attatieh, une des plus belles stations de ce primitif chemin de fer. Il fallut faire nos malles. Nous avions perdu l'habitude de toute espèce de travail. Je ne sais à quel degré de paresse l'homme parviendrait, s'il favorisait longtemps ce penchant qui lui est si naturel. C'était, il est vrai, un véritable déménagement à faire, et je crois que cette occupation n'a de charme pour personne. Nous dûmes quitter nos costumes fantaisistes et nous habiller tout à fait à l'européenne. Cela nous coûta beaucoup. Nos vêtements nous semblaient étroits et gênants, malgré notre maigreur provenant d'une perpétuelle transpiration.

Avant de partir nous fîmes une solennelle distribution de vieux habits et d'objets de toutes sortes à l'équipage. Les matelots furent si heureux et si fiers qu'ils revêtirent immédiatement ce qui leur était échu en partage. Il fallait les voir le lendemain matin nous conduisant à la gare, affublés par-dessus leur grande robe bleue qui d'un gilet, qui d'une large redingote noire à la française, qui d'une chemise de flanelle, qui d'un habit de soirée.

La vue de ce cortége excita tellement notre hilarité que nous ne pensâmes pas à faire nos adieux à la cange que nous avions habitée pendant près de trois mois et dans l'intérieur de laquelle nous avions passé par tant d'impressions diverses.

Arrivés à la gare de Com el Dabab el Attatiéh, nous demandâmes d'abord à quelle heure passait le train. Jamais avant sept heures du matin et rarement après trois heures, nous répondit-on. Cette réponse acheva de nous mettre en gaieté. Elle était pourtant pleine de vérité. Et à quelle heure arrive-t-on au Caire ? De huit heures du soir à trois du matin. Le drogman nous donna sur cette énigme une explication, sinon vraie, au moins très-vraisemblable :

« Le vice-roi, nous dit-il, a construit ce chemin de fer à ses frais, dans le seul but de faciliter l'exploitation de ses usines. Les voyageurs doivent donc laisser la voie libre pour le transport des trains de cannes à sucre avant de songer à passer eux-mêmes. Les retards proviennent de là. On ne sait pas du reste, ajouta-t-il, si les trains de voyageurs ont été créés par une tolérance du vice-roi ou par un abus de la part des employés. »

Je me rangerais volontiers à ce dernier avis ; voici pourquoi. On nous demanda d'abord pour nous transporter au Caire un prix exorbitant. Il fallut marchander. Comme on nous diminuait trop peu, nous feignîmes de quitter la gare et de regagner la cange : manœuvre bien connue dans certains magasins pour faire diminuer les prétentions du marchand.

Elle nous réussit cette fois. Le chef de gare nous rejoignit bientôt. Il nous supplia de prendre son chemin de fer et diminua de moitié le prix de ses billets. Nous revînmes sur nos pas en riant aux éclats. Le fonctionnaire ne fut pas déconcerté par nos rires. Il en parut même étonné, habitué qu'on est probablement dans ce pays à faire une pareille manœuvre.

Le lecteur sait trop ce qu'est une journée en chemin de fer pour que je lui raconte celle-ci. La poussière nous parut insupportable après ces trois mois passés sur l'eau : la chaleur aussi nous fit beaucoup souffrir. Enfin, après douze heures de cette fatigante locomotion, nous arrivâmes au Caire.

En me trouvant le soir dans une chambre d'hôtel, en entendant le bruit de la rue, en voyant mon horizon borné à quelques mètres, je ne pouvais m'empêcher de penser à la cange, au calme et au silence qui y régnait le soir et à l'immensité qui l'entourait. Hélas! quel brusque changement!

Le lendemain de bonne heure nous partîmes à âne pour Memphis et Saqqarâh. Trois heures de marche suffisent pour y arriver. On traverse un grand bois de palmiers, le plus considérable que j'aie vu dans toute l'Égypte; chacun de ces arbres est taxé par l'État d'une piastre et demie par an. Il leur faut environ sept ans pour acquérir leur complet développement. Ils produisent ensuite des dattes jusqu'à l'âge de seize ou dix-sept ans, puis dépérissent et meurent.

De l'antique ville de Memphis il ne reste que l'emplacement. Mais trois de ses nécropoles offrent encore un curieux sujet d'étude. La nécropole de Saqqarâh, composée de plusieurs pyramides, date de l'ancien empire. « Au centre, dit M. Mariette, s'élève comme le noyau de ce vaste ensemble, une pyramide singulièrement bâtie à six degrés. Si l'on peut s'en rapporter à la tradition, qui dit que le roi Onennéphis fit bâtir sa pyramide en un lieu nommé Ko-Komé, il s'ensuivrait que cette pyramide à degrés remonte à la première dynastie et qu'elle serait par conséquent le plus ancien monument connu de l'Égypte et du monde. »

On visite aussi à Memphis le Sérapéum ou tombeau des bœufs Apis. Nous nous rappelons qu'Isis, ayant recueilli les lambeaux du corps d'Osiris mutilé par Typhon, les avait envoyés dans différents nomes de l'Égypte. Chaque nome avait consacré à Osiris un animal sacré, dans lequel ce dieu était censé manifester sa présence sur la terre. C'est ainsi qu'à Thèbes on révérait le bélier, à Hermopolis le bouc, à Cynopolis le chien, à Lycopolis ou Siout le loup, à Bubastis le chat et à Memphis le bœuf.

Deux autres villes adoraient aussi le bœuf; mais peu de détails sur ces deux cultes sont parvenus jusqu'à nous. A Héliopolis, le bœuf sacré était appelé Mnevis, bœuf de la lumière. Il devait être noir et au poil hérissé.

A Hermonthis il portait le nom d'Onuphis, bon génie. Il devait aussi être noir et hérissé.

Le bœuf Apis, adoré à Memphis devait avoir vingt-huit marques particulières. Je ne citerai que les principales. Il devait être noir avec un triangle blanc sur le front; il devait avoir un signe pareil à une demi-lune au côté droit, et une espèce de bourrelet, un nœud de la forme d'un scarabée sous la langue. Il devait aussi avoir sur le corps des marques blanches rappelant par leur forme des ailes d'ibis ou d'épervier. Un Apis était-il signalé, les prêtres allaient le chercher en grande pompe. Ils le nourrissaient pendant quatre mois dans un édifice ouvert du côté de l'orient. De grandes fêtes étaient célébrées en son honneur. Le nouvel Apis était ensuite conduit à Héliopolis, où il séjournait pendant quarante jours dans le temple. Les prêtres seuls lui donnaient sa nourriture. Enfin, transporté à Memphis dans le temple de Phta, il y recevait les offrandes et les adorations du peuple.

Un Apis, à l'exemple du dieu qu'il représentait, ne devait pas vivre plus de vingt-huit ans. S'il dépassait cet âge, il mourait de mort violente. Ses restes étaient portés au Sérapéum.

On ne peut visiter maintenant que la partie de cette nécropole où furent enterrés les Apis postérieurs à Psammétichus Ier (XXVIe dynast.). Cette partie se compose d'un long corridor souterrain long de 350 mètres. De chaque côté de ce corridor sont ménagées des chambres où se trouvent de grands sarcophages en granit, qui ont environ 2 m. 30 c. de large, 4 mètres de long et 3 m. 50 c. de haut. On a calculé que ces monolithes ne pèsent pas moins de 65,000 kilogrammes.

Vingt-quatre sarcophages de cette dimension peuvent encore être admirés dans cette partie relativement moderne du Sérapéum.

On visite aussi à Memphis deux petits temples connus sous le nom de tombeaux de Ti et de Phtah-Hotep. Ces temples possèdent, à mon avis, les peintures à fresque les plus soignées et les mieux exécutées de toute l'Égypte. On voit représentés dans ces peintures tous les travaux d'agriculture auxquels le défunt a dû se livrer pendant sa vie. On voit ensuite le défunt lui-même, debout sur une barque, assistant au transport de sa propre momie dans la nécropole. Plus loin, les parents du défunt apportent ensemble leurs dons funéraires. Ils se composent de victuailles, de fleurs, d'amphores. Dans ces tableaux, le dessin atteint vraiment une certaine perfection, puis les tons sont légers, doux et remarquablement harmonieux.

Le drogman nous offrit de déjeuner dans le sarcophage d'un des bœufs Apis. Cette nécropole manquait pour nous de poésie. La tombe de Ramsès IV nous avait du reste blasé sur ce genre de plaisir. Nous préférâmes prendre notre repas dans une maison assez bien construite, que M. Mariette s'est fait bâtir au milieu du désert pour se garantir contre les rayons du soleil quand il vient fouiller à Saqqarah.

Dès que la chaleur commença à diminuer, nous reprîmes nos montures, et au bout de trois heures de marche nous rentrions définitivement dans la grande cité égyptienne, le 23 mai à sept heures du soir, après avoir employé presque jour par jour onze semaines à faire notre voyage.

Nous restâmes au Caire pendant quinze jours environ, après lesquels nous allâmes à Suez. Nous parcourûmes ensuite le canal dans toute son étendue, et nous partîmes pour Jérusalem et la Syrie.

Visiter l'Égypte est en somme un charmant passe-temps, pendant lequel on goûte à la fois trois plaisirs différents qui ne se nuisent en rien l'un à l'autre. Le premier dont je parlerai, le plus grand peut-être, le plus constant certainement, est le genre de locomotion que l'on emploie pour faire ce voyage. Dans presque toutes les pérégrinations lointaines, il faut se séparer souvent des habitudes que l'on se fait. Comme je l'ai dit plusieurs fois dans le cours de ce travail, on ne reste dans chaque station que le temps nécessaire pour la connaître et la regretter. En Egypte, au contraire, on voyage avec ses habitudes, son intérieur, son lit. Une cange est une demeure confortable, où il serait parfois bien doux de revenir vivre quelque temps, oubliant, oublié, avec une société de véritables amis. J'ajouterai que ce genre de locomotion ne demande aucune fatigue, et que par conséquent la présence d'une ou plusieurs femmes sur une cange ne peut qu'ajouter à l'agrément d'un tel intérieur, si cette présence, comme je le crois, n'y est même pas indispensable.

Je parlerai ensuite du plaisir de la chasse. Le gibier pullule en Égypte. A l'époque où nous nous trouvions, il est ordinairement moins abondant et pourtant il se passait peu d'instants où nous n'avions aucun animal en vue.

Enfin le troisième plaisir, plus sérieux mais non moins vif, que l'on peut goûter sur le Nil est la visite des monuments. Tous sont curieux par leur souvenir, beaucoup sont remarquables par eux-mêmes, par leur style, par leur masse, par leur état de conservation. Peu, en somme, sont absolument dénués d'intérêt.

J'ai peine, je l'avoue, à laisser tomber ma plume sur le rivage de Palestine, et aux portes de Jérusalem où j'ai goûté de si fortes et de si profondes émotions. Je me tais pourtant, reconnaissant ma complète indignité pour parler de la terre sainte. Un ouvrage sur un tel sujet doit contenir plus d'homélies que de descriptions, plus de sentimentalité que de peintures; si j'avais la foi d'un Lacordaire ou la plume d'un Montalembert, tenterais-je peut-être l'effort, tout en étant sûr de rester inférieur.

Il est aussi difficile à un auteur d'écrire sur Jérusalem qu'il est difficile à un peintre de faire un beau tableau religieux.

Raphaël seul est presque parvenu à représenter la Vierge.

Qui oserait se mettre en parallèle?

TABLE DES MATIÈRES.

FIN DE LA TABLE.

PARIS — IMPRIMERIE JULES LE CLERE ET Cie, RUE CASSETTE, 29.

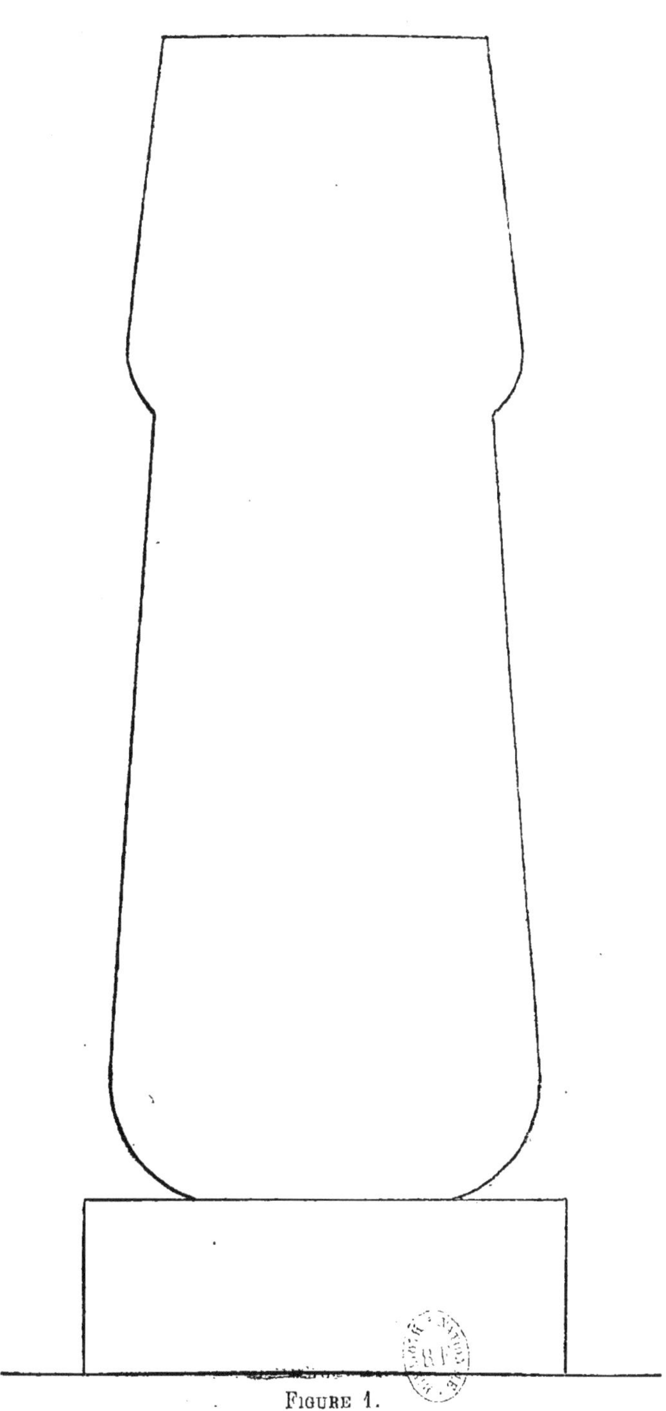

FIGURE 1.

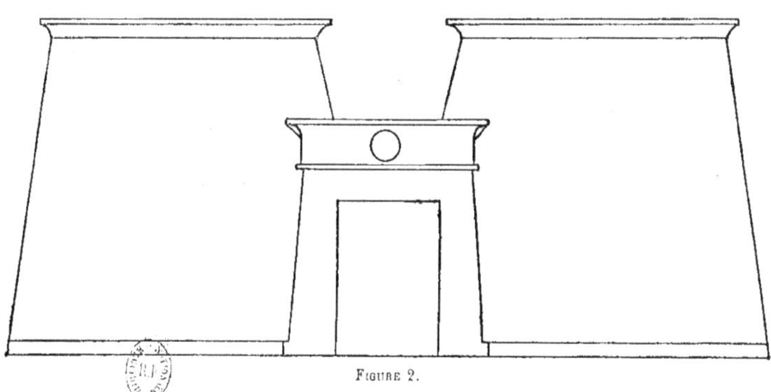

Figure 2.

FIGURE 3.

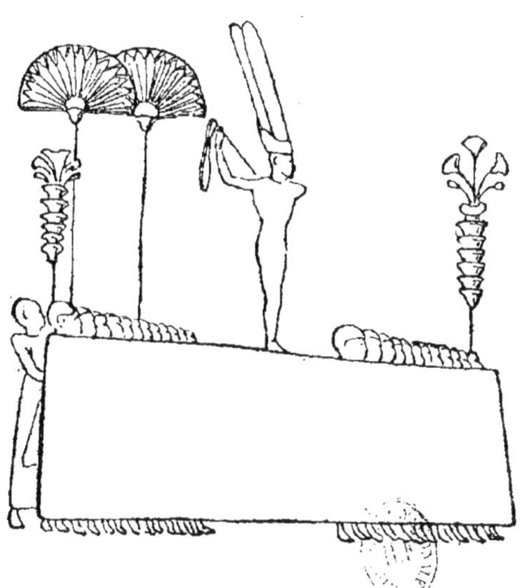

Figure 4.

PARIS. — IMPRIMERIE JULES LE CLERE ET Cie, RUE CASSETTE, 29.